관엽
식물

A perfect book on house plants

퍼펙트북

Sugiyama Takumi 지음

김현정 옮김

칼라디움 린데니이

Green Home

Prologue

집안을 식물로 채우자

요즘은 재택근무도 늘어나고 예전보다 집안에서 지내는 시간이 많아졌습니다. 이처럼 많은 시간을 보내는 집안에서 기분 좋게 생활하려면, 식물을 친구 삼아 지내보는 것이 어떨까요. 초록빛 식물은 보기만 해도 기분이 좋아집니다. 집안에 식물이 있으면 눈도 마음도 편안해집니다. 이 책에서는 꾸준히 인기를 끌고 있는 품종부터 최신 품종까지 다양한 관엽식물을 소개하고, 소중한 식물을 튼튼하게 유지하는 방법도 자세히 설명하였습니다. 반려식물과 함께하는 시간이 한층 더 풍요로워지기를 바랍니다.

Sugiyama Takumi

관엽식물

식물

퍼 펙 트 북

A perfect
book on
house plants

contents

※ 식물신품종보호법에 의해 보호되는 품종은 해당 품종의 육성자가 상업적인 이용에 있어서 배타적인 권리를 갖지만, 가정에서 개인적으로 즐기는 정도는 문제가 되지 않는다.

※ 원종식물 중에는 소철, 자미아, 네펜테스 등과 같이 '워싱턴 협약(멸종 위기에 처한 야생 동·식물의 국제거래에 관한 협약)'에 의해 보호 대상으로 지정된 종류도 있다. 해당 식물을 취미로 키우려면, 원산지에서 수출허가서 등을 발급받고 정식으로 수입된 개체만 구매가 가능하다. 단, 보호 대상이라고 해도 1993년 협약 발효 이전에 한국에 들어온 개체나 그 종자 등으로부터 번식한 것은 해당되지 않는다.

※ 비료, 농약 등에 대한 정보는 2024년 2월 현재의 것이다.

관엽식물은 생육기에는 실외에서 더 잘 자라는 종류도 있지만,
실내에서 건강하게 자라는 종류가 많아서
인테리어에 매우 적합한 식물이다.
관엽식물을 즐기는 방법은 여러 가지가 있는데,
여기서는 몇 가지 예를 소개한다.

박쥐란 베이트키이(베이치)

쉐플레라 아르보리콜라

인도고무나무
'소피아'

원주극락조화

에피프렘눔
'스테이터스'

몬스테라 델리키오사

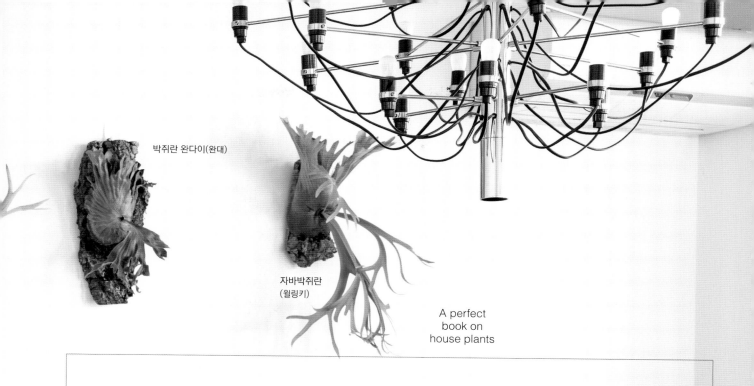

박쥐란 완다이(완대)

자바박쥐란
(윌링키)

A perfect
book on
house plants

관엽식물과 함께 살기

인도고무나무 '진'

드라세나 수르쿨로사 '후아니타'

금전초(금전수)

에피프렘눔 '테루노 러브송'

싱고니움 '엘프'

간편한 화분 심기

우산고무나무(움벨라타)

흰색 줄기와 녹색 잎
의 우아한 밸런스가 집
안 분위기를 부드럽게
만들어준다. 큰 포기는
존재감도 남다르다.

**자미오쿨카스 '레이븐'
(블랙금전수)**

독특한 분위기의, 두
껍고 윤기있는 검은
잎이 특징이다.

배치는 자유롭게,
다양한 시도로
나만의 스타일을 찾는다.

관엽식물 화분이 1개라도 있으면 거실 분위기가 달라진다. 크고 작은 것을 섞어서 배치하면 좀 더 자연스럽다. 바람이 부는 초원이나 숲속에 있는 것 같은 기분을 맛볼 수도 있다.

디오온 스피눌로숨(소철)

사방으로 펼쳐진 잎이, 날개처럼 경쾌한 느낌을 주는 인기 품종.

스파티필룸 '피카소'

무늬가 또렷한 잎과 다부진 포기 모습이 아름답다.

대만고무나무 '판다'

둥그스름하고 앙증맞은 잎이 특징. 조금 어두운 곳에서도 잘 자라는 것이 장점이다.

호야 칼리스토필라

두툼한 잎과 눈에 띄는 잎맥이, 강한 인상을 남긴다.

간편한 화분 심기

알로카시아 '밤비노 애로'

알로카시아의 특징은
잎맥이 만드는 무늬.
작지만 박력이 느껴지
는 모습이다.

금전초(금전수)

곧게 뻗은 줄기에 윤
기가 흐르는 짙은 녹
색 잎이 달려 있고, 밑
동에는 알뿌리가 보인
다. 화려한 모습으로
눈길을 끈다.

벤자민고무나무 '블랙'

짙은 잎색이 인상적인
고무나무. 생육이 왕
성하여 비교적 키우기
쉽다.

트라데스칸티아 '퍼플 엘레강스'

1줄기씩 유리관에 꽂아서, 무늬가 있는 자주색 잎이 더욱 돋보인다.

몬스테라 델리키오사

커다란 잎이 멋진 몬스테라를 물에 꽂으면, 잎의 존재감이 한층 더 살아난다.

아레카야자

물에 꽂은 아레카야자는 보기만 해도 시원해서, 특히 여름철에 실내를 장식하기에 안성맞춤이다.

시원한 느낌의 물꽂이

실내에 시원한 바람이 부는 느낌.

관엽식물 중에는 물꽂이로 재배가 가능한 종류도 있다. 흙을 사용하지 않는 만큼 손도 덜 가고 보기에도 시원하기 때문에, 여름철에 알맞은 방법이다. 단, 성공하기 힘든 종류도 있으므로 주의해야 한다(물꽂이 방법과 주의사항은 p.152 참조).

필로덴드론 '69686'과 호접란

인도고무나무 '아사히'

필로덴드론 '플로리다'

안스리움 '베이비 퍼플'

페페로미아 '로소'

호접란

아레카야자

빌베르기아 '훌라 아우아나'

멋진 착생식물

레카놉테리스
크루스타케아
(개미고사리)

드리나리아 코로난스
(곰발고사리)

자바박쥐란

빌베르기아 '쿠무 훌라'

틸란드시아
파스키쿨라타

레카놉테리스
로마리오이데스
(개미고사리)

드리나리아 코로난스

파초일엽

드리나리아 퀘르키폴리아

착생시키면 실내가 야생의 분위기로!

이 사진에서 볼 수 있듯이 관엽식물 중에는 착생하는 것이 많다. 착생하는 종류를 실내에서 키우면, 좀 더 자연에 가까운 분위기를 즐길 수 있다.

드리나리아 리기둘라

드리나리아 퀘르키폴리아(무늬종)

레카놉테리스 데파리오이데스 (개미고사리)

Column

착생식물이란?

땅속에 뿌리를 내리고 생육하는 식물(지생식물)과 달리, 나무나 바위 등의 표면에 붙어서 자라는 지의류나 이끼 등과 함께 뿌리를 내리고 자라는 식물을 착생식물이라고 한다. 화분에 심어도 자라지만 삼나무판이나 유목, 코르크판 등에 착생시켜 벽에 걸거나 매달면, 보기에도 좋고 더 잘 자란다(착생 방법은 p.133~137).

티에르만넉줄고사리

미크로소리움 교배종

아스플레니움 '에메랄드 웨이브'

네프롤레피스 '테디 주니어'

개성적인 뿌리

관엽식물은 잎의 색이나 형태, 포기 모양뿐 아니라, 다양한 뿌리의 모습도 매력적인 식물이다. 종류에 따라 뿌리의 두께나 질감도 달라서 독특한 분위기와 멋을 느낄 수 있다.

바위고무나무
(페티올라리스)

미르메피툼 셀레비쿰

안스리움 그라킬레

루비기노사고무나무

그라마토필룸 스크립툼 '히히마누'

난초의 일종. 뿌리를 물이끼로 감싸서 공 모양으로 만든 뒤, 습도를 높이고 비료를 주면서 키우면 가느다란 뿌리가 수없이 뻗어나와 재미있는 모습이 된다.

잎과 뿌리 모두 개성이 있어서 매력적이다. 양쪽의 밸런스에 따라 달라지는 모습도 살펴보자.

필로덴드론 '링 오브 파이어'

목질화하여 구부러진 두꺼운 줄기도 흥미롭지만, 그곳에서 뻗어 나온 여러 개의 공기 뿌리도 재미있다.

대만고무나무 '판다'

구부러진 줄기와 공기 뿌리에서 강인함이 느껴진다. 앙증맞은 둥근 잎과의 대비 또한 흥미롭다.

A perfect
book on
house plants

관엽식물 알아보기

관엽식물은 잎의 특징적인 구조나 무늬를 즐기는 식물이다.
원예적인 매력, 식물학적인 측면,
재배 역사와 세계의 분포 지역, 자생지의 환경 등,
재배의 배경이 되는 기본적인 포인트를 간단히 알아보자.

아디안툼 라디아눔

기붐새깃아재비 '실버 레이디'

관엽식물이란?

01 관엽식물의 매력

아름답고 흥미로운 잎

관엽식물이란 원예식물 중에서도 주로 잎을 감상할 목적으로 키우는 종류를 통틀어 부르는 이름이다. 대부분 열대 및 아열대 지역에서 자생하는 상록성 여러해살이식물(풀, 나무 포함)로, 1년 내내 아름다운 잎을 감상할 수 있다.

관엽식물은 대부분 실내에서 감상한다. 모양이 잘 정리된 관엽식물 화분이 실내에 있으면, 분위기가 단번에 스타일리시해진다. 거실이나 현관, 베란다나 데크 등 생활공간에 식물이 있으면, 공기가 촉촉해지고 편안한 느낌을 주는 효과가 있다. 아름답고 존재감이 느껴지는 관엽식물을 키워서 벽에 걸거나, 다양한 종류를 모아서 방 한쪽을 열대의 정글처럼 꾸며도 좋다

원하는 포기 모양 만들기

관엽식물은 잎을 보면 생육 상태나 성장 속도를 쉽게 알 수 있다. 이것도 키우는 즐거움 중 하나라고 할 수 있는데, 날마다 잎의 표정을 관찰하면서 식물과 대화하듯이 밝기나 바람, 물이나 비료를 주는 횟수 등을 조절하면, 원하는 잎이나 포기 모양으로 바꿀 수 있다.

모양이 정리된 포기를 구입했다고 해서 그것이 완성된 모양이라고 생각할 필요는 없다. 취향에 따라 아담하고 섬세한 모양으로 다시 만들거나, 거대하게 키워서 박력 넘치는 포기를 만들 수도 있다.

종류에 따라 다르지만, 잎의 변화는 빠르면 2주 정도 뒤에 나타난다. 일반적으로 많이 보급되어 오래전부터 친숙한 종류 중에는 생육이 왕성하고 추위나 더위, 건조 등, 약간의 스트레스는 잘 견뎌낼 수 있는 것이 많아서, 환경이나 재배방법에 적응하여 이에 적합한 모습으로 자란다.

목표로 하는 잎이나 포기의 모양과 크기를 정해서, 잎을 한 장 한 장 변화시킨다는 느낌으로 시작해보자. 포기 전체의 모습이 바뀌면 1차 완성. 어느 정도 익숙해지면 다음은 이런 모양이나 크기로 키워보고 싶다는 꿈이 생긴다. 생육 주기가 빨라서 하루하루 변해가는 모습을 즐길 수 있는 것이, 관엽식물을 키우는 재미라고 할 수 있다.

자생지인 열대의 이미지로 배치

앞쪽에는 붉은색과 녹색 잎의 코르딜리네, 탱크 브로멜리아드 종류인 네오레겔리아(앞줄 오른쪽 가운데), 통통한 잎이 모여 있는 디스키디아(앞줄 왼쪽), 뒷줄에는 열대성 자메이카 소철 종류인 디오온(가운데) 등을 배치하였다.

잎 모양이나 색의 차이를 즐긴다

같은 아로이드(천남성과) 종류만 모아도 이렇게 다양하다. 공통점이 있기 때문에 다른 점도 잘 보인다. 같은 종류를 모아서 재배하는 것도 관엽식물을 즐기는 방법 중 하나이다.

❶ 안스리움 레플렉시네르비움, ❷ 아글라오네마 '정글 부기', ❸ 몬스테라 델리키오사, ❹ 칼라디움 린데니이, ❺ 필로덴드론 '플로리다 뷰티', ❻ 에피프렘눔 '퍼펙트 그린', ❼ 디펜바키아 '크로커다일', ❽ 디펜바키아 '스타 브라이트', ❾ 스킨답서스 '올모스트 실버', ❿ 키르토스페르마 욘스토니이, ⓫ 몬스테라 델리키오사(무늬종)

19

02 식물학적으로 보면

열대·아열대 원산의
다양한 식물

'관엽식물'이란 원예적으로 분류하여 부르는 이름으로, 식물분류학적으로는 매우 광범위한 종류가 포함된다.

크게 나누면 아디안툼(공작고사리속)이나 다발리아(넉줄고사리속), 플라티케리움(박쥐란속) 등과 같이 홀씨로 번식하는 양치식물과, 그 밖의 수많은 종류를 포함한 종자식물로 나눌 수 있다. 종자식물은 꽃이 피지만, 꽃 감상도 겸해서 키우는 관엽식물은 안스리움, 스트렐리치아(극락조화속), 구즈마니아, 틸란드시아 등 일부 종류에 한정된다.

대부분의 종류가 1년 내내 잎이 달려 있는 상록성 식물로, 여러 해에 걸쳐 자라는 여러해살이풀 또는 목본식물이다. 주요 원산지는 전 세계 열대 및 아열대 지역으로, 일본의 경우 난세이 제도나 오가사와라 제도 등 온난한 지역을 중심으로 네프롤레피스(줄고사리속)와 다발리아(넉줄고사리속) 등의 양치식물류, 왕모람, 대만고무나무 등의 피쿠스, 에피프렘눔 핀나툼 등의 아로이드 종류, 소철 등이 자생하고 있다.

자생지에서는 땅속에 뿌리를 내리고 자라는 지생종 외에 나무줄기나 바위 표면 등에 뿌리를 내리고 자라는 착생종도 많이 볼 수 있다. 또한 부착근으로 주위의 식물 등에 달라붙어서 자라는 덩굴성 식물도 있어서, 이러한 성질을 이용하여 삼나무판이나 코르크판, 유목 등에 착생시키거나 화분에 심은 뒤 매달아서 즐길 수도 있다.

① 잎 모양의 차이

잎몸(엽신)

잎자루   잎맥

타원형
벵갈고무나무

원형
고에프페르티아 '도티'

피침형
아글라오네마 콤무타툼
'커틀러스'

화살촉형
안스리움 워터말리엔세(무늬종)

하트형
필로덴드론 파스타자눔

극형
필로덴드론 '플로리다'

② 잎맥에도 주목!

버건디색을 띤 잎에 잎맥이 드러
나 있다.
모놀레나 프리뮬리플로라

화살촉 모양의 잎 위로 드러난 잎
맥이 흰 무늬처럼 보인다.
칼라디움 린데니이

잎맥이 평행하게 나타난다. 물방
울 모양의 점도 재미있다.
드라세나 수르쿨로사 '후아니타'

잎맥이 그물처럼 퍼져 있다.
드리나리아 리기둘라

③ 불규칙적인 무늬

녹색 바탕의 흰색과 핑크색 무늬
가 독특하다.
스트로만테 '트리오 스타'

녹색 잎에 노란색 무늬가 번지듯
이 퍼져 있다.
코디애움 '서머 리프'

전체적으로 흰색 무늬가 있어서 바탕
의 녹색이 작은 반점처럼 보인다.
몬스테라(무늬종)

잎맥 사이마다 무늬가 다르다.
드리나리아 퀘르키폴리아(무늬종)

21

④ 잎 모양 종류

손모양겹잎(장상복엽). 잎이 중심에서 사방으로 퍼져서 난다. **파키라 글라브라(노란색 무늬)**

손모양겹잎. 작은 잎의 잎자루가 길고 부채 모양으로 퍼져서 난다. **쉐플레라(노란색 무늬)**

끝부분에 작은 잎이 없는 짝수깃모양겹잎(우수우상복엽). 잎맥이 평행하게 드러나고 녹색이 점 모양으로 남아 있다. **피낭가 sp.**

짝수깃모양겹잎. 선 모양의 작은 잎이 양쪽으로 퍼져 있어서, 전체적으로 새의 깃털처럼 보인다. **디오온 칼리파노이**

끝부분에 작은 잎이 있는 홀수깃모양겹잎(기수우상복엽)에 가깝지만, 끝부분의 작은 잎은 작게 갈라져서 뚜렷하지 않다. **기붐새깃아재비 '실버 레이디'**

2~4회 깃모양겹잎(우상복엽). 깃모양겹잎이 다시 겹잎으로 나뉘어, 작은 잎이 많이 붙어 있다. **아디안툼 라디아눔**

양치식물의 홀씨주머니

Column

아래 사진에서 반점처럼 보이는 것은 홀씨주머니(포자낭)이다. 양치식물은 씨앗이 아닌 홀씨로 번식하는데, 홀씨주머니는 수많은 홀씨가 들어 있는 주머니 모양의 조직으로, 잎이 성숙하면 만들어진다. 종류에 따라 모양, 크기, 색깔 등이 다르다.

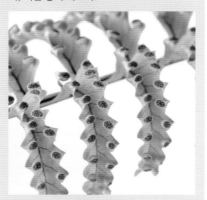

레카놉테리스 '옐로 팁' (잎 앞쪽).

레카놉테리스 시누오사 (잎 뒤쪽).

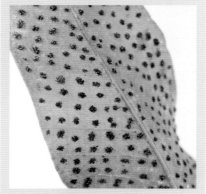

드리나리아 퀘르키폴리아 (잎 뒤쪽).

03 관엽식물의 역사

재배, 관상은 19세기 중반부터

동서양을 막론하고 사람들은 오래전부터 잎의 아름다운 색이나 정돈된 모양, 보기 드문 무늬 등에 매료되어 관엽식물을 사랑하고 키워왔다.

오늘날 관엽식물로 알려진 열대·아열대 식물을 다른 지역에서 관상하기 시작한 것은 대항해시대부터로, 17세기 유럽에서는 귀족 계급의 애호가도 등장하였다. 보다 많은 사람들이 재배하고 관상하게 된 것은 영국의 식물원에 유리 온실이 만들어진 19세기 중반 무렵이다.

일본에서는 에도시대 후반부터 무늬가 있는 잎을 가진 진귀한 식물을 즐기는 원예문화가 서민들 사이에도 보급되었다. 한국의 경우 관엽식물이 처음 들어온 것은 1910년경이며, 1960년대 이후 대중화하였다.

일본의 관엽식물 붐

일본에서 관엽식물이 일반인들에게 보급된 것은 1960년대이다. 1959년에 일본관엽식물주식회사(현재의 도요아케카키)가 설립되고, 1960년대에는 전국 각지에 관엽식물의 생산자 조합이 탄생하였다. 그리고 고도경제성장 속에서 핵가족화가 진행되면서 쉽게 구할 수 있는 아디안툼, 에피프렘눔(스킨답서스), 구즈마니아, 벤자민고무나무, 인도고무나무, 쉐플레라, 관음죽, 종려죽 등이 일반 가정에도 보급되어, 1970년대에 걸쳐서 관엽식물 붐이 일어났다.

화분에 심은 아디안툼이 인기를 얻으며, 타워 지지대를 세워서 키운 페페로미아나 헤고 기둥을 세워서 키운 에피프렘눔 등이 상점이나 레스토랑, 카페에서 파티션으로 이용되었다. 또한, 1980년대에는 화분에 심은 대형 고무나무가 사무실이나 매장 등에 빠지지 않는 실내 식물로 정착하였다.

그 뒤 1990년 '국제꽃박람회'를 계기로 가드닝붐이 일면서, 장미나 허브, 여러해살이풀 등을 심은 영국식 정원이 주목을 받았는데, 상대적으로 관엽식물은 인기가 주춤하였다.

그런데 2000년대 들어서 TV 프로그램이 계기가 되어 산세베리아 '라우렌티'가 관심을 받으면서 큰 인기를 끌었고, 그 무렵부터 해외의 생산자나 애호가들이 만든 품종이 많이 수입되기 시작하며, 관엽식물이 다시 각광을 받게 되었다.

오직 하나뿐인 나만의 관엽식물을 즐기는 시대

2010년대에는 스마트폰이 널리 보급되면서 자신이 키운 관엽식물을 촬영해 SNS를 통해 정보를 교환하는 등, 관엽식물을 즐기는 방법에도 커다란 변화가 생겼다. 특히 2020년대에 들어서면서부터 박쥐란이 인기를 끌고 있는 것에서 알 수 있듯이, 단순한 관상에서 더 나아가 정성껏 가꾸어 자신이 원하는 포기를 만드는 재배로 관심이 옮겨가고 있다. 2020~2023년의 코로나 사태 이후, 피쿠스나 아로이드 종류를 심은 스타일리시한 화분이 인기를 모으는 등, 하나뿐인 나만의 식물을 즐기는 경향이 이어지고 있다.

한편, 냉난방이 완비된 주거환경이 갖춰지면서 겨울철에도 쉽게 관엽식물을 재배할 수 있고, 식물 육성용 LED 라이트도 보급되어 실내에서도 쉽게 빛을 보충할 수 있게 되었다.

애호가 중에는 직접 포기를 번식 및 교배시켜 새로운 품종을 만드는 사람도 늘고 있고, 일본, 네덜란드, 미국, 태국, 타이완 등에서 품종 개량이 활발하게 이루어지고 있다.

포기 모양을 잘 관리하여 키운 박쥐란은, 확실한 존재감을 자랑한다. 작품으로 장식하여 감상한다.

아로이드 종류인 몬스테라 '후쿠스케'. 화분 하나로 거실의 주인공이 되는 개성파 관엽식물이다.

관엽식물의 생육 타입

자생지의 자연환경을 참고하여 재배한다

여기서는 자생지의 기후나 자연환경을 바탕으로 관엽식물의 생육 타입을 크게 3가지로 나누어서 설명한다.

실제로 자생지는 날마다 다양한 기상 변화를 겪는 혹독한 환경인 경우가 많아서, 식물의 생육만 놓고 보면 반드시 최적의 환경이라고는 할 수 없다. 하지만 자생지의 기후나 자연환경에 대해 자세히 알면, 그 식물이 어떠한 조건을 선호하는지 경향을 이해할 수 있기 때문에, 재배하는 데 큰 도움이 된다.

대부분의 관엽식물 종류의 자생지는 열대·아열대 지역이다. 쾨펜의 기후구분에서 열대는 열대 우림기후, 열대몬순기후, 사바나기후로 나뉘는데, 각각의 기후에 수많은 종류의 관엽식물이 분포하고 있다.

p.25의 A타입은 대부분 우기와 건기가 있는 기후로 쾨펜의 기후구분에서 열대몬순기후 및 사바나기후에 자생하는 식물이며, B타입의 대부분은 1년 내내 강우량이 많은 열대우림기후에 자생하는 식물이다. 또한, 여기서는 표고 등에 의한 기온이나 강우량의 차이 등도 고려하여 C타입을 추가하였다. 쾨펜의 기후구분은 식생(어떤 일정한 장소에서 모여 사는 특유한 식물의 집단)을 바탕으로 작성된 것으로, 키우고 싶은 식물의 자생지가 어떤 기후 분포에 해당하는지 알아두면 재배에 큰 도움이 된다.

또한 쾨펜의 기후구분에서는 아열대가 정의되어 있지 않지만, 일반적으로 지중해 연안이나 미국 남부 외에, 동아시아의 중국 남동 연안부나 타이완, 일본의 따뜻한 지방을 포함한 지역을 아열대로 본다.

도쿄의 월별 기온과 강수량

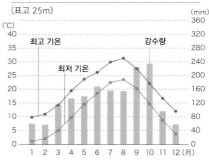

(표고 25m)

1991~2020년의 평균값. 출처: 일본 기상청 홈페이지

관엽식물의 생육과 온도의 관계

35℃ 이상	잎이 타기 시작한다.
33℃ 이상	꽃색이나 잎색이 옅어지기 쉽다
15~33℃	**생육 온도** (25~30℃가 생육 적정온도)
15℃ 이하	추위에 약한 종류는 생육이 느려진다.
12℃ 이하	대부분의 종류가 생육이 느려진다.
10℃ 이하	대부분의 종류가 생육을 멈춘다. 추위에 약한 종류는 묵은 잎이 떨어지기 시작한다.
5℃ 미만	잎 전체가 누렇게 변한다. 동해를 입어 죽는 것도 있다.

쾨펜의 기후구분에 의한 열대우림기후, 열대몬순기후, 사바나기후

열대우림기후
열대몬순기후
사바나기후

World Köppen Map.png: Peel, M. C., Finlayson, B. L., and McMahon, T. A. (University of Melbourne)
이 지도는 Köppen_World_Map_(retouched_version).png (4231×2804)(wikimedia.org)를 바탕으로 열대우림기후, 열대몬순기후, 사바나기후 부분만 추출하여 재구성한 것이다.

이 책에 나오는 주요 식물의 생육 타입은 INDEX(p.158~159)에 표시하였다.

A 타입

건조와 고온에 강하다

우기와 건기가 있는 열대기후의 식물

내서성이 강해서 여름철의 고온에서도 키울 수 있다. 잎이나 줄기에 수분이 많이 저장되어 있는 종류(산세베리아, 자미오쿨카스 등)나 한여름에 휴면하는 종류(다육 타입의 페페로미아) 등이 여기에 해당된다.

A타입은 키울 때 물을 잘 조절해서 줘야 한다. 흙 표면이 말라도 좀 더 기다려서 일시적으로 화분 안을 완전히 건조시킨다. 이렇게 하면 뿌리가 수분을 찾아 잘 자라기 때문에 활동성이 높아져서, 포기가 야담하고 튼튼하게 정리되고 잎이 두꺼워진다. 강한 빛을 필요로 하는 종류가 많기 때문에 되도록 밝은 곳에서 키운다.

◎ A타입에 해당하는 관엽식물
덩이줄기(괴경) 피쿠스, 산세베리아, 자미오쿨카스, 대부분의 틸란드시아, 박쥐란 일부 등.

다르 에스 살람의 월별 기온과 강수량

(탄자니아, 표고 55m)

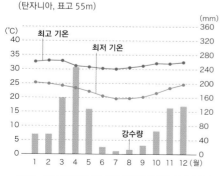

2006~2022년의 평균값, 일본 기상청 홈페이지 '세계의 기후 데이터'를 바탕으로 작성.

B 타입

습한 환경을 좋아한다

열대우림기후 및 열대 저지대의 식물

습도가 높은 환경(50% 이상)을 좋아하여 일본이나 한국의 경우 봄부터 가을에 걸쳐 자라는데, 여름철에는 야간 온도가 지나치게 높아 생육이 느려지는 경우가 있다. 줄기나 덩굴이 잘 자라고 잎이 커지는 것이 특징이다.

뿌리의 생육도 왕성하여 영양분이 필요하므로, 정기적으로 비료를 주면 잘 자란다. 습도가 높은 환경을 좋아하기 때문에, 겨울에 건조하면 잎이 작아지고 누렇게 변하는 경우가 있다. 습도 유지에 주의하고, 낮보다 밤의 습도를 높게 유지해야 한다. 최저 기온이 10℃ 이하로 내려가면 생육이 매우 느려진다.

◎ B타입에 해당하는 관엽식물
딥시스(대형종), 몬스테라, 피쿠스, 필로덴드론, 안스리움, 호야, 드라세나, 파키라, 박쥐란(대형종), 트라데스칸티아 등.

싱가포르의 월별 기온과 강수량

(표고 5m)

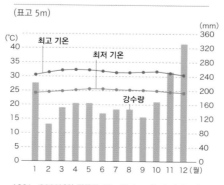

1991~2020년의 평균값, The Meteorological Service Singapore 홈페이지의 데이터를 바탕으로 작성.

C 타입

고온에 약하고 습한 환경을 좋아한다

열대운무림이나 열대 고지대의 식물

습도가 높고 적당한 온도의 환경을 좋아하여, 일본이나 한국에서는 주로 봄가을에 생육하고, 여름철 고온에 약한 타입이다. 관엽식물 중 재배하기 어려운 종류는 C타입에 속하는 것이 많다.

열대운무림의 고지대는 기온이 1년 내내 12~28℃ 정도이므로, 재배할 때는 30℃가 넘지 않도록 온도에 신경써서 키워야 한다. 또한, 습도가 크게 변하지 않도록 관리하고, 항상 높은 습도를 유지한다.

여름에 옮겨심기나 포기나누기 등의 작업을 하면, 금세 생육이 느려진다. 꺾꽂이 등 포기를 늘리는 작업도 여름철에는 하지 않는다.

◎ C타입의 관엽식물
마코데스 일부, 박쥐란 일부(마다가스카리엔세, 리들레이이 등), 쉐플레라 일부, 페페로미아(착생종) 등.

임바부라(Imbabura)의 월별 기온과 강수량

(에콰도르의 키토 근교, 표고 3058m)

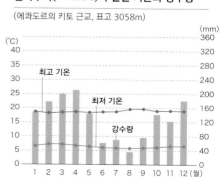

2009~2022년의 평균값, 일본 기상청 홈페이지 '세계의 기후 데이터'를 바탕으로 작성

관엽식물 자생지를 가다

01 싱가포르

맥리치 저수지 주변

적도 바로 아래의
저지대에 펼쳐진 열대우림

싱가포르는 북위 약 1도로 적도 바로 아래에 위치하고, 쾨펜의 기후구분에서는 고온다습한 열대우림기후에 속하며, 기온은 1년 내내 거의 일정하다(p.25). 맥리치 저수지는 싱가포르 본섬에 있는 가장 오래된 저수지로, 주변에는 저지대의 열대우림이 펼쳐져 있다. 개발 후에 재생된 2차림이다.

저수지 주위로 트래킹 코스가 있는데, 1바퀴 돌려면 4시간 정도 걸린다. 습도가 매우 높아서 조금만 걸어도 땀이 난다.

코스에 들어서면 나무로 둘러싸여 햇빛이 살짝 비치기도 하지만 조금 어둡다. 큰키나무인 판다누스가 있고, 어두운 곳에는 아로이드 종류인 알로카시아 롱길로바 등이 자라고 있다. 역시 열대우림을 대표하는 큰키나무인 딥테로카르푸스의 밑동에서는 착생한 피쿠스나 판다누스 등을 볼 수 있다.

2시간 정도 걷다 보면 커다란 왕관박쥐란(코로나리움) 포기가 눈에 들어온다. 나무줄기에 착생하여 위풍당당한 모습으로 나무 그늘에 자리잡고 있다. 대형 박쥐란은 습도가 높은 환경을 좋아한다는 것을 새삼 깨닫게 된다.

아주 어두운 곳에는 드라세나 수르쿨로사가 군생하고, 그 부근에는 아로이드 종류인 스킨답서스나 아미드리움이 나무를 타고 올라가는 모습을 볼 수 있다.

좀 더 가다보면 아글라오네마가 자라고 있는데, 낙엽이 많은 곳부터 길가에 이르기까지 비옥하고 바람이 잘 통하는 환경이다. 나무들을 올려다보면 양치식물 종류인 후페르지아(뱀톱속)가 착생하여 줄기와 잎을 늘어뜨리고 있다.

물가에 자생하는 식충식물

맥리치 저수지는 싱가포르의 중심 시가지에서 택시로 20분 정도 걸리는데, 열대우림 환경을 체험할 수 있는 트래킹 코스가 있다. 물가의 풀숲을 자세히 들여다보면, 양치식물이나 벼과 식물을 휘감듯이 네펜테스 그라킬리스가 섞여 있다(왼쪽 끝).

식충식물인 네펜테스 그라킬리스. 물가에서 곤충들을 포획하는 것으로 보인다.

자생지의 환경을 알고 자연 속에서 식물이 살아 숨쉬는 모습을 보면
재배 관리뿐 아니라, 장식하는 방법이나 즐기는 방법을 찾는 데도 도움이 된다.
여기서는 저자가 직접 체험한 자생지의 환경을 소개한다.

나무 위는 작은 생태계

맥리치 저수지로 향하던 도중에 발견한 드리나리아 퀘르키폴리아. 커다란 나뭇가지에 모여서 착생하고 있다.

낙엽처럼 보이는 퀘르키폴리아의 영양잎(p.107). 위에 걸려 있는 것이 진짜 낙엽(원 안쪽)이다. 이곳에서 분해되어 귀중한 양분이 된다.

줄기에 착생하여 뒤덮는다

디스키디아의 일종. 나무줄기에서도 특히 햇빛이 잘 비치는 쪽에 빽빽이 착생하고 있다.

야자나무의 두꺼운 줄기를 필로덴드론이 타고 올라와, 다발리아와 생육 장소를 놓고 다툰다.

02 베트남

달랏 주변

열대몬순기후의
밀림지대

달랏은 베트남 중부 고원에 있는 도시이다. 쾨펜의 기후구분에서는 열대몬순기후에 속하지만, 1년 내내 서늘해서 피서지로도 잘 알려져 있다. 4~10월은 우기이고 11~3월은 건기이다.

목적지는 표고 1,500m 부근의 휴대폰이 터지지 않는 산속인데, 달랏 중심가에서 2인승 바이크로 1시간 30분 정도 산쪽으로 이동한 뒤, 다시 포장되지 않은 산길을 지나야 한다. 여기서부터 약 5시간에 걸쳐 산을 내려가면서 밀림을 걸어간다.

작은키나무가 둘러싸고 있는 트인 장소에서는 호야나 난초 종류인 덴드로비움이 나무에 착생하여, 나무껍질에 뿌리를 길게 뻗은 모습도 관찰할 수 있다.

길도 없는 곳을 내려가다 보면 습도가 높아지며 식생이 달라진다. 위를 보면 소나무에 드리나리아 리기둘라가 착생하여, 마찬가지로 양치식물 종류인 피로시아와 공존하고 있는 모습이 인상적이다.

산을 더 내려가면 지면이 축축한 이끼로 뒤덮인 곳이 나오는데, 난초 종류인 불보필룸의 보고가 그 모습을 드러낸다. 야자나무 종류로 가시가 있는 라탄(등나무)도 사방팔방에서 자라고 있다.

이 근방부터 습도가 더욱 높아지며 이윽고 운무림으로 바뀐다. 양치식물 종류인 셀라기넬라가 무수히 자라고 있고, 낙엽이 많이 쌓인 곳에서는 생강과의 알피니아가 얼굴을 내밀고 있다. 밑동의 낙엽을 제거하면 토양은 검고 비옥하며, 양분을 찾아 수많은 뿌리가 뻗어나와 있다.

물이 스며 나오는 개천에서는 잎 길이가 2m가 넘는 대형 양치식물, 용비늘고사리가 군생하는 모습을 볼 수 있다. 이 종류가 얼마나 물과 습도가 높은 환경을 좋아하는지 알 수 있다.

시냇물 주변은 습도가 높아서 항상 잎이 젖어 있고 바람이 분다. 이러한 환경을 좋아하는 베고니아나 석창포, 미크로소리움 등도 볼 수 있다.

트여 있는 밝은 곳에 착생

소나무 줄기에 드리나리아 리기둘라와 피로시아가 착생하여 공존하고 있다.

나무껍질에 부착근을 뻗어서 기어오르는 호야. 트여 있는 밝은 곳이지만, 나무줄기 북쪽의 축축한 나무껍질에 착생하고 있다.

밀림의 어두운 수풀

위/야자나무 종류로 강하고 큰 가시를 가진 라탄. 길을 막는 성가신 존재다.
아래/에피프렘눔의 일종. 덩굴을 뻗어 나무줄기를 기어오른다.

습한 장소에 무성한 양치식물류

위/나무줄기를 뒤덮은 이끼에 뿌리를 내린 미크로소리움. 축축한 바람이 불어와 습기를 머금은 잎이 흔들린다.
아래/이끼가 낀 암벽에는 다발리아나 페페로미아 등이 착생한다. 이끼와 착생식물이 궁합이 잘 맞는다는 것을 알 수 있다.

03 에콰도르

키토 근교의 고원지대

에콰도르
키토
태평양

남미의 열대운무림과 고지대의 식물

남미의 에콰도르는 적도 바로 아래에 위치하며, 수도인 키토는 표고 2,850m의 고지대에 있다. 키토를 중심으로 카얌베 코카 국립공원과 주변의 고지대를 돌아보는 네이처 투어에 참가하면, 운무림과 건조한 고지대가 혼재하는 지역에서 식물을 관찰할 수 있다.

카얌베 코카 국립공원 입구 근처에서는 바위가 그대로 드러난 경사면에서 용설란이나 틸란드시아 등을 볼 수 있다. 키토 근교에 있는 틸란드시아 텍토룸의 자생지는 계곡에서 상승기류가 불어오고, 바위 위에 텍토룸이 빽빽이 착생해 있다. 산지의 날씨는 변덕스러워서 맑다가도 15분 만에 안개로 뒤덮이는 등 빠르게 변화한다. 나무껍질이 회색빛 지의류로 뒤덮여 있어서 높은 습도가 유지된다는 것을 알 수 있다. 이러한 나무줄기나 표면에 틸란드시아나 양치식물류 등이 수도 없이 착생하여 살아간다.

흥미로운 점은 식물이 다양한 환경에 적응하여 생존하는 모습이다. 축축하고 밝은 그늘을 좋아하는 필로덴드론이나 안스리움 등이 가파른 암벽에 착생한 모습도 볼 수 있다. 바위 틈새나 움푹 팬 곳에는 수분이 고이기 쉬우므로, 이끼류가 자라는 장소에 떨어진 씨앗에서 싹이 튼 것으로 보인다.

고원지대의 틸란드시아

위/라키나이아의 일종. 틸란드시아와 가까운 속이다. 가지 표면에 달라붙은 지의류에 뿌리를 내렸다. 아래/마른 바위 위에 솜처럼 달라붙은 틸란드시아 텍토룸. 녹색 식물은 틸란드시아와 가까운 속으로, 대형 왈리시아 린데니이.

착생하여 살아가는 아로이드 종류

위/암벽에서 자라는 필로덴드론의 아담하고 튼튼한 포기.
아래/나무 위에서 꽃을 피우는 홍학꽃. 에콰도르와 콜롬비아의 국경 부근으로, 주위가 안개로 덮여 있다.

04 미국(플로리다)

에버글레이즈 국립공원

미합중국

태평양

에버글레이즈
국립공원

아열대 습지에 자생하는 식물

미국 남부에 있는 플로리다 반도는 아열대
기후에 속하며, 저지대에 광대한 습지대가
펼쳐져 있다. 에버글레이즈 국립공원은 악
어나 들새, 곤충 등의 생태를 관찰할 수 있
어서 네이처 투어 장소로 인기가 많다. 아
열대 습지대 특유의 식물을 볼 수 있다.
공원 주차장 근처에서는 소철과에 속하는
자미아 플로리다나(플로리다 소철)나 야자
나무과에 속하는 세레노아 레펜스가 군생
하는 모습을 볼 수 있다. 방문했을 때는 이
상 기후로 평소보다 수위가 2m 정도 높았
지만, 택사과의 사기타리아 랑키폴리아에
서 피어난 하얀 꽃이나 식충식물인 통발속
식물의 보라색 꽃 등, 수생식물도 관찰할
수 있었다. 습지의 덤불에 쓰러진 나무에
양치식물인 플레오펠티스가 착생하여 자
라는 것을 보면, 습도가 높은 환경을 좋아
한다는 것을 알 수 있다.
포장도로로 나오면 아름다운 풍경이 펼쳐
진다. 건너편 물가의 나뭇가지에서 틸란드
시아 우스네오이데스의 모습이 확인된다.
틸란드시아 중에는 파우키폴리아나 플렉
수오사 등이 작은키나무의 줄기나 가지에
착생한 모습도 볼 수 있다. 강한 빛을 받는
개체는 작고 단단하며, 나무 그늘에 있는
개체는 잎이 자라서 녹색을 띠는 등, 환경
에 의한 변화를 눈으로 확인할 수 있다.

틸란드시아의 다양한 모습

위/틸란드시아 우스네오이데스. 나뭇가지 사이
로 햇빛이 조금씩 비치는 곳에서 군생한다. 에콰
도르의 운무림과는 달리, 이곳에서는 습기가 많
은 물가에서 자라고 있다.
왼쪽/틸란드시아 파우키폴리아. 작은키나무의
줄기나 가지에서 지의류나 이끼류가 자란 곳에
착생한다.

군생하는 소철

소철 종류인 자미아 플로리다나. 무릎 높이 정도
의 크기로, 소철치고는 소형이다. 곁눈이 나와서
군생하고 있다.

많이 유통되는 종류를 중심으로
70속, 200종류 정도의 관엽식물을 사진과 함께 소개한다.

관엽식물 도감

A perfect
book on
house plants

• 도감의 라벨 보는 방법

❶ ▶ **'본셀렌시스'**

❷ ▶ *S.* 'Boncellensis'

❸ ▶ ① 30~60cm(2~6호)
② 8~35℃   ③ ★☆☆☆☆

❹ ▶ 산세베리아의 이미지를 새롭게 바꿔준 개성적인 품종. 두툼한 잎이 양쪽으로 번갈아 나와 있다. 자라면 잎이 원통 모양으로 둥그스름해진다. 잎의 줄무늬가 아름답다.

❶ 식물명
  (학명의 한글 표기, 국명 등)
❷ 학명, 원예품종명
❸ ① 식물의 키(화분 호수의 기준)
  ② 생육 온도
  ③ 재배 난이도
    (★이 많을수록 난이도가 높다)
❹ 해설

★ ❶에는 필요에 따라 일반 유통명도 함께 기재하였지만, 별명이나 예전 학명으로 유통되는 것도 편의상 유통명으로 기재하였다.

매력 만점! 인기 관엽식물

관엽식물은 잎을 즐기는 식물로, 다채로운 잎의 모양, 무늬, 색깔 등이 매력이다. 주로 전 세계의 열대~아열대 지역에 분포하며, 다양한 종류가 있다. 자생지의 환경은 저마다 다르지만, 대부분 실내에서 키울 수 있다. 여기서는 대중적인 것부터 순서대로 소개한다.

산세베리아
(드라세나)

Sansevieria (Dracaena)

산세베리아속은 현재 백합과 드라세나속에 병합되었다. 열대·아열대 아프리카, 인도 등의 건조지대에 60종 정도가 분포한다. 두툼한 잎에 수분을 저장한다. 물이 잘 빠지는 무기질 용토에 심고, 물은 강약을 조절해서 주어야 한다. 최저 온도 10℃ 이상이면 겨울철에도 물 공급을 중단하지 않아도 된다. 아시아에서 개량이 추진되어 매력적인 품종이 많이 있다.

'본셀렌시스'

S. 'Boncellensis'
① 30~60cm(2~6호)
② 8~35℃ ③ ★☆☆☆☆

산세베리아의 이미지를 새롭게 바꿔준 개성적인 품종. 두툼한 잎이 양쪽으로 번갈아 나와 있다. 자라면 잎이 원통 모양으로 둥그스름해진다. 잎의 줄무늬가 아름답다.

뿌리줄기가 힘차게 뻗어나오기 때문에, 변형되지 않는 도자기 화분에서 키우는 것이 좋다.

'라우렌티'

S. trifasciata 'Laurentii'
① 50~120cm(3~10호)
② 8~35℃ ③ ★☆☆☆☆

무늬가 있는 선발 품종으로 오래 전부터 유통되고 있다. 뿌리줄기를 뻗어 새끼 포기를 만들기 때문에, 쉽게 번식시킬 수 있다. 빛이 약하면 1m 이상 자라서 잘 쓰러진다. 깍지벌레를 주의한다.

파키라

Pachira

물밤나무과의 늘푸른큰키나무로 키는 3~10m. 중남미를 중심으로 40종 정도가 분포한다. 대부분 아시아에서 생산된 씨모(실생묘)이거나 씨모를 아래 사진처럼 땋아서 만든 포기이다. 산반무늬가 있는 '밀키웨이'는 접나무모(접목묘)와, 무늬가 유전되기 때문에 씨모(실생묘)도 있다. 뿌리가 잘 나와서 뿌리의 양으로 줄기의 두께가 결정된다. 줄기에 양분을 축적하여 건조에 강하다.

글라브라

P. glabra
① 5~300cm(1~20호)
② 10~35℃ ③ ★★★☆☆

예전에는 아쿠아티카라고 불렀다. 판매할 때는 잎이 빽빽해도, 원래 위로 자라기 때문에 마디 사이가 길어진다. 빛을 좋아해서 온도가 높으면 크게 자라고, 줄기(밑동)도 서서히 두꺼워진다.

쉐플레라

Schefflera

두릅나무과의 늘푸른큰키나무. 원래 쉐플레라속에는 900종 정도의 식물이 포함되었지만, 최근 세분화되어 14종 정도가 이 속에 포함된다. 아시아를 중심으로 태평양 제도와 중남미의 온난한 지역에 분포하며, 잎이 무성해져서 생울타리나 방풍림에 사용된다. 물이 잘 빠지는 용토를 좋아하며 내한성이 있다. 무늬가 있는 품종 등 원예품종이 20종 이상 있다.

아르보리콜라

S. arboricola
① 10~300cm(1~20호)
② 5~35℃ ③ ★☆☆☆☆

큰 포기가 되면 그늘에서도 잘 자라고 건조에도 강하다. 오래 키우면 줄기가 하얗고 울퉁불퉁해져서 존재감이 살아난다. 공기정화 효과가 있는 것으로 알려져 있다. 많이 알려진 홍콩야자는 아르보리콜라의 원예종이다.

고에프페르티아

유통명 **칼라테아**

Goeppertia

마란타과. 구 칼라테아속에 속하는 대부분의 종을 포함하며, 240종 정도가 열대 아메리카에 분포한다. 뿌리줄기로 번식한다. 광택이 있는 컬러풀한 잎이 있고, 오후부터 밤까지는 잎을 세워서 휴식을 취한다(수면운동). 습한 환경을 특히 좋아하며, 건조하면 잎이 둥글게 말린다. 20종 이상의 원예품종이 있다.

인시그니스

유통명 **칼라테아 랑키폴리아**

G. insignis(*Calathea lancifolia*)
① 15~80cm(2~7호)
② 8~33℃ ③ ★★☆☆☆

잎 무늬가 독특하다. 가늘고 가장자리가 구불구불한 잎이 위로 솟아서, 큰 포기는 존재감이 강하다. 건조에 강하고 조금 어두운 실내에서도 잘 견딘다. 수면운동으로 잎 바깥쪽과 안쪽의 색 차이를 즐길 수 있다.

마코이아나

G. makoyana
① 10~35cm(2~6호)
② 8~33℃ ③ ★★☆☆☆

잎 무늬가 이국적이다. 해충이 갉아먹은 흔적(식해흔)처럼 보이는 무늬는 해충을 피하는 역할도 하지만, 광합성도 한다. 잎응애가 잘 발생하지 않아 처음 식물을 키울 때 적합하다.

제브리나

G. zebrina
① 10~100cm(3~10호)
② 10~33℃ ③ ★★★☆☆

벨벳 같은 잎이 특징이다. 미세한 털이 있는 잎은 표면적이 커서 젖어도 빨리 마른다. 대형종으로, 작게 키우면 잎이 빽빽해져서 상하기 쉬우므로 주의한다. 습도는 조금 높게 유지하는 것이 좋다.

'화이트 스타'

G. 'White Star'
① 10~80cm(2~8호)
② 12~30℃ ③ ★★★☆☆

가느다란 잎에 하얀 줄무늬가 있다. 빛이 강한 환경이나 무기질 용토에서 키우면, 흰색이 붉은색이 된다. 잎자루가 길게 자라서 늘씬한 자태를 자랑한다. 잎응애가 잘 발생하므로 주의한다.

'도티'

G. 'Dottie'
① 10~60cm(2~6호)
② 12~30℃ ③ ★★★☆☆

잎자루가 짧고 키는 잘 자라지 않는다. 검은색의 둥근 잎에 핑크색 줄이 있다. 습기를 좋아하지만 포기가 빽빽해지면 잘 짓물러서, 잎 가장자리가 시들기도 한다.

마란타

Maranta

마란타과. 멕시코, 니카라과, 브라질 등 중남미에 40종 정도가 분포한다. 열대우림의 지면, 초원이나 암석지대 등에 자생한다. 타원형 잎이 지면을 덮듯이 모여서 자란다. 낮에는 잎이 수평으로 벌어지고 저녁에는 똑바로 선다(수면운동). 습도가 높은 환경을 좋아하며, 무늬가 있거나 색이 변하는 원예품종도 있다.

'레몬 라임'

M. 'Lemon Lime'
① 10~50cm(3~8호)
② 8~30℃   ③ ★★☆☆☆

벨벳 같은 질감의 타원형 잎은 짙은 녹색과 라임색의 대비가 아름답다. 성숙하면 옅은 보라색의 작은 꽃이 이삭 모양으로 핀다. 잎 가장자리가 마르는 것은 습기 부족이 원인이다. 생육이 왕성하므로 비료 부족에 주의한다.

스트로만테

Stromanthe

마란타과. 브라질 등 중남미에 20종 정도가 분포한다. 뿌리줄기로 열대 숲속의 지면이나 트인 공간에 자생한다. 창 모양이나 선 모양의 가느다란 잎으로 수면운동을 한다. 성숙하면 붉은색이나 노란색의 작은 꽃이 주렁주렁 핀다. 습도가 높은 환경을 좋아한다. 잎끝이 마르면 건조하거나, 비료가 부족하다는 신호이므로 주의한다.

'트리오 스타'

S. 'Trio Star'
① 10~50cm(3~8호)
② 8~30℃   ③ ★★☆☆☆

가늘고 긴 잎에 옅은 녹색이나 핑크색 등의 무늬가 복잡하게 나 있다. 계절에 따라 무늬 색깔이 달라진다. 원래는 크게 자라기 때문에, 화분에 심으면 뿌리가 가득차 잎끝이 시들기 쉽다. 옮겨심기로 묵은 뿌리를 정리하는 것이 좋다.

앙굴라타

P. angulata

① 5~30㎝(2~5호)
② 5~30℃ ③ ★★☆☆☆

자생지에서는 쓰러진 나무에 낀 이끼에 뿌리를 내리고 옆으로 자라기 때문에, 용토가 적은 낮은 화분에서 키우는 것이 좋다. 봄이나 가을에 옮겨심거나 꺾꽂이를 한다. 건조에 강하므로 여름철에도 물을 지나치게 많이 주지 않도록 주의한다.

페페로미아

Peperomia

후추과. 세계의 열대·아열대 지역에 1,300종 정도가 분포한다. 자생지는 고지대부터 운무림이나 건조지대. 운무림에서는 쓰러진 나무에 착생한다. 로제트형, 포복성, 직립성 등 여러 가지 모양이 있다. 봄가을에 생육하고 여름에는 휴면상태가 된다. 두툼한 잎에 수분을 저장하여, 건조에 강한 면도 있다. 원예품종은 20종 이상이 있다.

'로소'

P. caperata 'Rosso'
① 5~20㎝(2~5호)
② 5~30℃ ③ ★★☆☆☆

로제트 모양으로 잎을 펼친다. 무기질 용토에서 재배하거나 강한 빛을 받으면, 잎 뒤쪽의 붉은색이 진해진다. 어두우면 잎자루가 웃자라서 잎이 늘어진다. 물을 지나치게 많이 주면 곁눈이 나와 복잡해지므로 주의한다.

'칼립소 퀸'

C. 'Calypso Queen'
① 15~120cm(2~8호)
② 5~35℃ ③ ★★☆☆☆

중형으로 30cm 정도의 잎이 나선형으로 퍼진다. 적갈색 잎에 붉은색이 불규칙하게 섞여 있다. 깊은 화분으로 재배하고, 봄부터 가을에는 직사광선 아래에 둔다. 잎자루가 물받이 모양이어서 물이 밑동으로 흘러 들어간다. 비료를 좋아한다.

'아카카'

C. 'Akaka'
① 20~150cm(2~8호)
② 5~35℃ ③ ★★☆☆☆

대형으로 잎이 위로 선다. 잎 길이는 약 50cm로, 붉은 바탕색에 녹색이 번진 것처럼 섞여 있다. 빛을 잘 쬐어주고 비료를 충분히 주면, 키가 1년에 50cm 이상 성장한다.

코르딜리네

Cordyline

백합과의 늘푸른작은키나무. 동남아시아, 호주, 태평양 제도 등에 20종 정도가 분포한다. 잎은 가늘고 길며 로제트 모양으로 퍼진다. 대부분의 원예품종의 베이스가 된 원종 코르딜리네 프루티코사는 봄부터 강한 햇빛을 받으며 자라면, 여름부터 가을까지 멋진 색을 보여준다. 최저 온도 5℃ 이상의 실내에서 재배한다. 원예품종은 100종 이상.

> 코르딜리네 프루티코사를 하와이에서는 '티'라고 부르며, 훌라 의상이나 부적에 사용한다.

'마담 펠레'

C. fruticosa 'Madame Pele'
① 15~80cm(2~6호)
② 5~35℃ ③ ★★☆☆☆

소형으로 잎이 밀집되어 있다. 잎은 짙은 적갈색으로 붉은 테두리가 있으며, 마디 사이가 짧고 생육은 느리다. 줄기도 크게 두꺼워지지 않아, 늘씬한 느낌이다.

'포이푸 훌라'

C. 'Poipu Hula'
① 15~80cm(2~6호)
② 5~35℃ ③ ★★☆☆☆

소형으로 잎도 짧고 아담하다. 황록색 바탕에 녹색이 번지듯이 섞여 있다. 잎이 겹치기 쉬우므로 바람이 잘 통하게 해준다. 줄기는 지름 3cm 정도로 튼실하게 자란다.

유카

Yucca

백합과의 늘푸른큰키나무. 북미나 중미, 서인도 제도의 사막, 건조한 평원 등에 50종 정도가 분포한다. 가느다란 잎이 로제트 모양으로 나오며, 똑바로 자란다. 대부분 꽃줄기가 위로 서고, 꽃색은 흰색이다. 재배하기 쉽고 내한성이 있는 종류가 많아서, 온난한 지역에서는 실외에서 겨울을 날 수 있다.

대왕유카

Y. elephantipes
① 30~200cm(4~15호)
② 3~35℃ ③ ★☆☆☆☆

단단하고 끝이 뾰족한 잎이 특징이다. 생육이 왕성하고 건조와 추위에 강하다. 빛이 부족하면 잎이 잘 늘어진다. 환경이 적합한 정원에 심으면, 키가 5m가 넘고 밑동이 코끼리 다리처럼 두꺼워진다.

원주극락조화

S. juncea
① 35~250cm(3~15호)
② 5~35℃ ③ ★★☆☆☆

성숙하면 잎이 잘 보이지 않게 되므로, 얼핏 보면 잎자루만 보인다. 빛이 강하면 위로 서고, 잎자루는 두껍고 푸르스름해진다. 빛이 부족하면 전체적으로 벌어진다. 생육이 느리며, 바람이 잘 통하는 환경을 좋아한다.

스트렐리치아

국명 **극락조화속**

Strelitzia

극락조화과. 남아프리카에 5종 정도가 분포한다. 강기슭이나 나무 그늘 등에 자생한다. 줄기가 길고, 일부를 제외하면 잎이 타원형이다. 키가 10m나 되는 품종도 있는데, 줄기는 목질화된다. 꽃이 특이한데 씨앗 색깔도 오렌지색이나 검은색 등으로 독특하다. 뿌리가 두껍고 아래로 자라기 때문에, 깊은 화분에서 관리한다.

큰극락조화

S. nicolai
① 15~500cm(3~20호)
② 5~35℃ ③ ★★☆☆☆

커다란 잎이 인상적이다. 큰 화분에서 키우면 잎자루가 자라서 몇 년 만에 2m 정도로 성장한다. 화분 크기를 제한하고, 용토를 살짝 건조하게 관리하면 아담해진다. 강한 바람을 맞아 잎이 찢어져도 시들지 않는다.

디펜바키아

Dieffenbachia

천남성과. 열대·아열대 아메리카, 서인도 제도의 삼림이나 습지에 70종 정도가 분포한다. 잎은 기다란 타원형이며 흰색이나 노란색, 녹색의 무늬가 있다. 원종은 줄기가 두꺼운 것이 많다. 고온기에는 생육이 왕성하며 저온에 약하다. 용토는 유기질, 무기질 모두 가능하다. 독성이 있는 유액이 있으므로, 피부에 묻지 않도록 주의한다. 여러 가지 원예품종이 있다.

'크로커다일'

D. 'Crocodile'
① 15~120㎝(3~8호)
② 12~35℃   ③ ★★★☆☆

잎이 위로 서고, 잎 뒤쪽은 악어 가죽처럼 울퉁불퉁하다. 빛이 강하면 잎이 서고 약하면 살짝 벌어진다. 추위에 약해서 온도가 내려가고 뿌리가 차가워지면, 새잎은 작아지고 묵은 잎은 아래로 늘어지며 누렇게 변한다.

코페아

국명 커피나무속

Coffea

꼭두서니과의 늘푸른작은키나무. 아프리카 대륙부터 마다가스카르섬에 걸쳐서 130종 정도가 분포한다. 자생지에서는 키가 3m가 넘으며, 윤기 있는 잎이 아름다워서 오래전부터 유통되어온 관엽식물이다. 대부분이 씨모(실생묘)로, 수입한 생두로 재배하는 것도 가능하다. 생육이 왕성하지만, 물부족이나 깍지벌레에 주의한다. 무늬가 있는 품종도 있다.

10호 화분으로 키우면 지나치게 크게 자라지 않고, 180㎝ 정도로 억제된다.

아라비카

C. arabica
① 10~200cm(2~10호)
② 8~35℃   ③ ★★☆☆☆

세계 커피 원두 생산량의 대부분을 차지하는 품종. 산지는 일교차가 커서 안개가 많이 끼기 때문에, 습도가 높고 밝은 환경을 좋아한다. 신진대사가 활발하여 물이 부족하면 잎끝이 상할 수도 있다.

41

카르노사

H. carnosa
① 10~200cm(3~8호)
② 5~35℃ ③ ★☆☆☆☆

잎은 타원형으로 반질반질하고 두껍다. 덩굴에는 솜털이 있어서 잘 엉겨붙는다. 생육이 왕성하고 더위와 추위에 강하다. 강한 햇빛을 받으며 비료를 적게 주고 키우면, 잎이 붉어져서 아름답다. 초여름부터 가을까지 꽃이 피는데 향기가 있다. 초보자가 키우기에 적합한 품종이다.

에리트리나

H. erythrina
① 10~80cm(2~7호)
② 8~35℃ ③ ★★☆☆☆

대형으로 덩굴성이 강하다. 잎은 녹색인데, 기온이 낮아지면 적갈색이나 보라색으로 물든다. 생육기의 덩굴은 화분 안에 넣거나 지지대에 감아준다. 2~3년이 지나면 포기가 자라서 꽃이 핀다.

호야

Hoya

박주가리과. 아시아, 호주, 태평양 제도의 온난한 지역에 있는 열대운무림이나 해안가 절벽 등에 480종 정도가 분포한다. 포복성, 직립성, 등반성(덩굴이 자라는 타입. 부착근으로 나무줄기나 바위 등에 달라붙어 기어오른다)이 있다. 다육질 잎을 가진 종류가 많고 건조에 강하다. 비료를 좋아하며 용토는 유기질, 무기질, 물이끼 중 어느 것을 사용해도 좋다.

세르펜스

유통명 서펜스

H. serpens
① 10~80cm(2~7호)
② 3~35℃ ③ ★★☆☆☆

소형으로 추위에는 강하다. 습도가 높은 환경을 좋아하지만, 화분 안이 지나치게 습하면 약해진다. 마른 뒤에 물을 주어 습도를 유지한다. 잎색이 짙으며, 어두운 곳에서도 웃자라지 않는다.

레투사

H. retusa
① 10~80cm(2~7호)
② 8~35℃ ③ ★★☆☆☆

가느다란 잎이 많이 달린 포기 모습이 특징이다. 습도를 높게 유지해야 한다. 새잎의 색이 흐려지면 건조, 비료 부족, 깍지벌레를 의심해 볼 수 있다. 봄가을에는 진딧물 방제가 필요하다. 행잉 화분으로도 즐길 수 있다.

네펜테스
국명 벌레잡이풀속

Nepenthes

벌레잡이풀과. 마다가스카르, 호주, 보르네오섬 등 열대 아시아에 180종 정도가 분포한다. 초원이나 연못 근처, 열대우림의 산성 토양 등에 자생하며, 암수딴그루로 땅속에 뿌리를 내리고 사는 지생종과 나무에 기어오르는 종류가 있다. 포충낭이 있어 곤충을 녹여서 소화하는데, 오래되면 장구벌레나 작은 동물의 서식지가 되기도 한다. 여러 가지 원예품종이 있다.

'레이디 럭'

N. 'Lady Luck'
① 10~60cm(2~6호)
② 10~30℃ ③ ★★★☆☆
특징인 붉은 포충낭을 만들려면 전체를 밀폐(p.141)하거나, 가습기로 습도 60% 이상의 환경을 만들어준다. 액체비료는 최대한 묽게 희석해서 사용한다. 밝은 곳(5000룩스 이상)에서 키우고, 물은 잎이 시들기 전에 충분히 준다.

> 동남아시아 보르네오섬에는 포충낭에 알을 낳는 세계에서 가장 작은 개구리도 서식한다. 올챙이의 배설물도 양분이 된다.

베아우카르네아

Beaucarnea

백합과의 늘푸른작은키나무. 미국 남부부터 과테말라의 반사막지대나 저지대에 10종 정도가 분포한다. 포기가 커지면 밑동이 두꺼워지고, 가지가 갈라진다(아래 사진!). 잎은 가늘고 길며 로제트 모양이 된다. 건조에 특히 강하고, 내한성이 강해서 서리를 맞지 않으면 겨울나기도 가능하다. 무늬가 있는 품종도 있다.

덕구리난

B. recurvata
① 15~200cm(3~15호)
② 3~35℃ ③ ★☆☆☆☆
오래전부터 사랑받아온 관엽식물. 밑동을 두껍게 만들려면 옮겨 심지 말고, 작은 화분에서 그대로 재배한다. 약 3m 정도로 자라면 가지가 갈라지면서 자란다. 꽃이 피면 많은 씨앗을 얻을 수 있다.

T.Sugiyama

밑동이 거대해져서 윗부분이 갈라진 덕구리난의 커다란 포기.

트라데스칸티아
국명 자주달개비속

Tradescantia

닭의장풀과. 북미부터 남미의 저지대 삼림 등에 80종 정도가 분포한다. 포복성, 반직립성 등이 있다. 잎은 다육질의 타원형으로, 대부분 보라색을 띤다. 생육이 왕성하고, 지면의 습도가 높은 환경을 좋아하여, 지피식물로 적합하다. 건조하면 잎색은 짙어지지만 잎 수는 잘 늘어나지 않는다. 선반 아래 등과 같이 어두운 환경(1000룩스 정도)에서도 자란다.

'퍼플 엘레강스'
T. 'Purple Elegance'
① 5~30cm(2~6호)
② 5~35℃ ③ ★☆☆☆☆

보라색이 인상적인 관엽식물. 생육은 얼룩자주달개비보다 조금 느리다. 건조하게 키우면 잎이 작아지고 색깔은 짙어지는데, 성장이 매우 느려지고 아랫잎이 붉게 변하면서 시든다. 성숙하면 핑크색의 사랑스러운 꽃을 피운다.

얼룩자주달개비
T. zebrina
① 5~30cm(2~6호)
② 5~35℃ ③ ★☆☆☆☆

반짝이는 듯한 잎색은 잎 내부에 거품 모양의 조직이 밀집하여, 빛을 난반사하기 때문이다. 습도가 높으면 잎이 크게 자라고 줄기도 자란다. 습도가 낮으면 아담해진다. 물에 꽂으면 2주 정도 뒤에 뿌리가 나온다. 매다는 것보다 낮은 화분에서 키우는 것이 좋다.

> 잎과 줄기의 성장이 우선인지, 또는 잎색이 우선인지 결정하여, 원하는 모습으로 키워보자!

클로로피툼
국명 접란속

Chlorophytum

백합과. 아프리카 남부부터 서부 등에 190종 정도가 분포한다. 무늬접란(*C. comosum* 'Variegatum')도 이 속의 일종이다. 근경성으로 두꺼운 뿌리가 있다. 아치 모양으로 자라는 꽃줄기에 꽃이 피고, 꽃이 핀 뒤 그 끝부분에서 새끼 포기가 자란다. 서리를 맞지 않으면 실외에서도 겨울을 날 수 있다. 유기질과 무기질 용토에서 모두 잘 자란다. 물이 부족하면 잎끝이 잘 마른다.

'보니'
C. comosum 'Bonnie'
① 10~30cm(2~6호)
② 5~35℃ ③ ★☆☆☆☆

접란의 원예품종. 무늬가 있는 가느다란 잎이 구불거린다. 생육이 왕성하며, 창가의 밝기(3000룩스 이상)로 다소 건조하게 재배하면 잎이 잘 말려서 아담해진다. 잎끝이 마르는 것은 물이 부족하거나 건조, 뿌리참 등이 원인이다.

루페스트리스

유통명 물병나무

B. rupestris
① 20~200㎝(3~10호)
② 5~35℃ ③ ★★☆☆☆

묘목부터 키울 경우에는, 뿌리가 조금 나오게 심으면 개성 넘치는 포기 모양이 된다. 빛이 강하고 바람이 잘 통하는 환경을 좋아한다. 물을 줄 때는 건습과정을 충실하게 반복한다. 두껍게 만들려면 분무기로 줄기에 물을 뿌려주는 방법(p.151)도 효과적이다.

아르보레아 앙구스티폴리아

유통명 에버프레시

C. arborea var. *angustifolia*
① 15~200㎝(3~10호)
② 5~35℃ ③ ★★★☆☆

시원한 느낌의 잎 때문에 인기가 많다. 생육이 왕성하므로, 특히 5~9월에는 물이 부족하지 않게 주의한다. 물이 부족하여 문제가 생길 경우, 화분을 밀폐(p.141)하고 2주 정도 지나면 새싹이 움튼다. 생육이 빠르므로 비료를 주는 것도 잊지 말자.

브라키키톤

Brachychiton

벽오동과의 늘푸른큰키나무. 호주를 중심으로 30종 정도가 분포한다. 잎 모양은 다양하고, 대부분 팔손이처럼 잎이 갈라져 있다. 건조지에 자생하는 루페스트리스는 포기 밑동이 부풀어 오른다. 모종부터 키우려면 시간이 오래 걸린다. 식물원에서도 커다랗게 자란 나무를 볼 수 있다.

코요바

Cojoba

콩과의 늘푸른 작은키나무~큰키나무. 멕시코나 볼리비아 등 중남미에 10종 정도가 분포한다. 가느다란 깃모양겹잎*이 특징이다. 생육이 왕성하여 잘 자라는데, 물이 부족하면 잎이 떨어진다. 여름에는 그늘로 옮기고, 물이 부족하지 않게 관리한다.

★ 깃모양겹잎: 잎자루의 양쪽에 작은 잎 여러 장이 새의 깃털처럼 나란히 나는 것.

45

캄보디아나

D. cambodiana
① 20~200cm(2~10호)
② 5~35℃ ③ ★★☆☆☆

줄기가 여러 개로 갈라지고 잎
색이 짙다. 줄기는 지름 5~10
cm 정도로 자란다. 조금 어두운
(1000~3000룩스) 곳에서는 잎
이 늘어지기 쉽다. 1주일에 1번
화분을 90도 회전시켜서, 빛을
골고루 받게 해준다.

드라세나

Dracaena

백합과의 늘푸른 작은키나
무~큰키나무. 카나리아 제도
와 열대 아프리카에 170종 정
도가 분포한다. 삼림이나 저지
대, 건조한 경사면 등에 자생하
며, 가느다란 잎이 나선 모양 또
는 로제트 모양으로 나온다. 물
이 잘 빠지는 무기질 용토를 좋
아하고, 빛이 약하면 잎이 늘어
진다. 다양한 원예품종이 있으
며 깍지벌레를 주의한다.

여러 개의 줄기가 위
로 서기 때문에 그늘
이 생기기 쉽다. 정기
적으로 화분을 회전시
켜서 포기 전체가 빛
을 받게 한다.

콘키나 '키위'

D. concinna 'Kiwi'
① 15~200cm(2~15호)
② 5~35℃ ③ ★★☆☆☆

콘키나의 노란색 무늬 품종. 봄부
터 가을에 직사광선 아래에서 재
배하면 아름다운 색깔의 새잎이
공 모양으로 퍼진다. 빛이 부족하
면 잎이 늘어진다. 건조에는 강하
지만 지나치게 건조하면 잎끝이
시든다.

'콤팩타'

D. 'Compacta'
① 10~150㎝(2~10호)
② 5~35℃　③ ★★☆☆☆

잎은 진하고 어두운 녹색으로, 윤기가 난다. 마디 사이가 짧아서 잎이 빽빽하게 자란다. 튼튼해서 책을 읽을 수 있는 밝기(500룩스) 정도면 잘 자란다. 지나치게 자라면 꺾꽂이나 휘묻이로 작게 갱신해도 좋다. 생육은 느리다.

'골드 코드'

D. 'Gold Cord'
① 30~150㎝(4~8호)
② 5~35℃　③ ★★☆☆☆

잎이 위로 서면서 크게 퍼진다. 잎 가운데에 있는 노란색 무늬가 특징이며, 잎이 물결모양으로 구불거린다. 조금 건조하게 키우면 더 구불거리고, 어두우면 잎이 아래로 늘어진다. 1주일에 1번 화분을 90도 회전시켜서 잎 전체가 빛을 받게 한다.

'송 오브 시암'

D. 'Song of Siam'
① 15~200㎝(4~10호)
② 5~35℃　③ ★★☆☆☆

'송 오브 인디아'와 '송 오브 자메이카'의 중간 버전 같은 무늬가 아름답다. 잎은 짧지만 잎 수는 많고 줄기는 가늘다. 포기 모양이 잘 흐트러지며, 가는 줄기를 두껍게 만들려면 5년 이상 걸린다.

'자넷 린드'

D. 'Janet Lind'
① 30~200㎝(4~10호)
② 5~35℃　③ ★★☆☆☆

가느다란 잎이 많이 달린다. 살짝 위쪽으로 서는 잎으로 위로 잘 자라며, 무늬가 있는 품종에 많은 검은 반점이나 마르는 현상이 적다. 어두운 환경에서 키우면 잎이 늘어지므로, 1주일에 1번 화분을 90도 회전시켜 모양을 잡아준다.

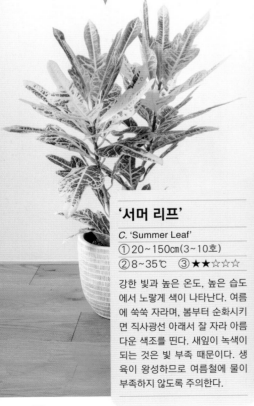

알피니아
국명 꽃양하속

Alpinia

생강과. 동남아시아, 중남미, 남아프리카 등에 250종 정도가 분포한다. 발달된 뿌리줄기가 있으며, 열대지역 숲속의 트인 공간이나 숲 가장자리에 군생한다. 생육이 왕성하여 큰 것은 3m가 넘는다. 주위에 식물이 있는, 습도가 높아서 축축한 환경을 좋아한다.

'미드나잇 진저'
A. 'Midnight Ginger'
① 20~50cm(2~8호)
② 15~35℃ ③ ★★★★☆

잎은 검고 윤기가 나는데, 색을 유지하려면 빛이 충분한 환경에서 키우는 것이 좋다. 건조한 상태가 계속되면 잎 가장자리가 마른다. 비료를 좋아하므로, 봄에는 비료를 충분히 준다.

> 여름~가을에 직사광선 아래에서 키우면 보기 좋게 색이 난다.

'서머 리프'
C. 'Summer Leaf'
① 20~150cm(3~10호)
② 8~35℃ ③ ★★☆☆☆

강한 빛과 높은 온도, 높은 습도에서 노랗게 색이 나타난다. 여름에 쑥쑥 자라며, 봄부터 순화시키면 직사광선 아래서 잘 자라 아름다운 색조를 띤다. 새잎이 녹색이되는 것은 빛 부족 때문이다. 생육이 왕성하므로 여름철에 물이 부족하지 않도록 주의한다.

코디애움
유통명 크로톤

Codiaeum

대극과의 늘푸른 작은키나무 ~ 큰키나무. 영어 이름인 크로톤(croton)으로 많이 알려져 있다. 말레이시아부터 동태평양의 섬들에 10종 정도 분포한다. 숲속의 트인 공간이나 수풀에서 자생한다. 생육은 왕성하고, 강한 빛을 받고 자라면 원래의 잎색이 나온다. 최저 온도 15℃ 정도의 가을에 가장 색이 예쁘게 든다. 노란색 잎 품종은 총채벌레나 깍지벌레가 발생하기 쉬우므로 정기적으로 방제한다.

둥근잎교배종
C. cv.
① 20~100cm(3~6호)
② 8~35℃ ③ ★★☆☆☆

동남아시아에서 개량한 품종. 둥그스름한 잎이 붉은색이나 검은색, 녹색이 섞인 복잡한 색조를 띤다. 생육이 느려서 1년에 불과 몇 장의 잎이 나오는데, 습도를 높이면 잎이 잘 나온다. 잎이 단단하고 뒤로 젖혀져 있다.

롱기카울리스

A. longicaulis
① 10~100cm(2~8호)
② 8~35℃ ③ ★★☆☆☆

길이 5cm 정도의 잎은 잎맥이 두드러져 이국적이다. 빛이 부족하면 잎맥의 색이 흐려진다. 단단한 흙에 심거나 강한 빛 아래서 키우면 잎 뒤쪽의 붉은색이 짙어진다. 여름에는 더위로 생육을 멈춘다.

아이스키난투스

Aeschynanthus

콩과의 덩굴성 늘푸른작은키나무. 히말라야 산맥, 말레이시아, 인도네시아 등 아열대우림에 180종 정도가 분포한다. 습도가 높은 환경을 좋아하며, 봄부터 여름에 꽃이 핀다. 행잉 화분에 물이끼나 유기질 용토를 넣고 심는다(착생종이기 때문에 뿌리는 얕게 뻗는다). 용토는 살짝 건조하게 관리하고, 분무기로 잎에 물을 주거나 가습기로 공중 습도를 높인다. 덩굴은 늘어뜨리면 잘 자란다.

> 옮겨심기나 꺾꽂이는 생육을 멈추는 한여름을 피해서 봄이나 가을에 한다.

'라스타'

A. 'Rasta'
① 10~100cm(2~8호)
② 8~35℃ ③ ★★☆☆☆

길이 3cm 정도의 작은 잎이 줄지어 나온다. 낮은 화분으로 재배하여 화분 속 과습을 방지한다. 흙을 살짝 건조하게 관리하면, 잎이 붉은빛을 띤다. 초여름부터 여름에 붉은 꽃이 핀다.

누물라리아

D. nummularia
① 10~100cm(3~8호)
② 12~35℃ ③ ★★★☆☆

지름 1~2cm의 둥근 동전 같은 두꺼운 잎이 특징이다. 나무줄기에 착생하며, 빛이 강하면 잎이 하얗게 변하고, 어두운 환경에서는 잎색이 옅어진다. 장마 때부터 생육이 왕성해진다.

디스키디아

유통명 디시디아

Dischidia

협죽도과. 타이완부터 동남아시아와 인도, 호주에 110종 정도 분포한다. 습도가 높고 바람이 잘 통하는 밝은 환경을 좋아한다. 잎은 다육질로 건습을 반복하면 두꺼워진다. 추위에 약해서 12℃ 아래로 내려가면 물을 적게 주고, 잎에도 물을 주지 않고 겨울을 난다. 가을에 밑동의 잎이 노랗게 시들면 추위를 탄다는 표시다.

마요르

D. major
① 10~100cm(3~8호)
② 12~35℃ ③ ★★★☆☆

어린 모종의 잎은 동전 모양으로 동그름한데, 성숙하면 주머니 모양으로 변하며 개미가 공생한다. 생육이 왕성하고 화분 안이 지나치게 습한 것을 싫어하기 때문에, 무기질 용토를 사용하여 낮은 화분이나 행잉 화분에서 키운다. 초여름부터 여름에 노란색과 녹색 줄무늬가 있는 꽃을 피운다.

바키페라
유통명 카수타

R. baccifera
① 10~100cm(2~8호)
② 5~35℃ ③ ★☆☆☆☆

가느다란 줄기가 갈라지며 아래로 늘어진다. 줄기가 지나치게 빽빽하면 줄기 중간부터 검게 변하여 떨어지기도 한다. 포기를 나누어 적당하게 간격을 두고 심는다.

립살리스

Rhipsalis

선인장과. 중남미와 서인도 제도 등에 50종 정도가 분포하며, 그중 1종은 마다가스카르에 분포한다. 여러해살이 착생식물로, 줄기는 원기둥 모양부터 평평한 모양까지 다양하고, 마디에서 줄기가 갈라진다. 습도가 높은 환경을 좋아하며, 아래쪽 줄기에서 공기뿌리가 나온다. 열기와 습기에 약하기 때문에, 낮은 화분에서 무기질 용토를 사용하여 살짝 건조하게 키운다.

중남미 외에 아프리카 등에도 분포한다.

필로카르파

R. pilocarpa
① 10~80cm(2~8호)
② 5~35℃ ③ ★☆☆☆☆

짙은 녹색의 원통형 줄기가 아래로 늘어지는데, 하얗고 보드라운 털 모양의 가시로 덮여 있다. 건강한 새순이 많이 나오기 때문에, 포기 모양이 쉽게 흐트러진다.

에피필룸
국명 공작선인장속

Epiphyllum

선인장과. 멕시코, 콜롬비아, 아르헨티나 등의 열대우림에 10종 정도가 분포한다. 착생식물. 줄기는 다육질로 어린 모종일 때는 가늘지만, 뿌리를 내리고 성숙하면 종마다 특징이 나타난다. 밤에 꽃이 피고 달콤한 향기를 뿜어내는 종류가 많으며, 습도가 높은 환경을 좋아하고, 비료도 좋아한다. 뿌리를 튼튼하게 만들어서 꽃을 즐겨보자.

앙굴리게르
유통명 생선뼈선인장

E. anguliger
① 15~80cm(2~8호)
② 8~35℃ ③ ★★☆☆☆

피시본(Fishbone) 선인장이라고도 한다. 잎을 보면 뿌리의 상태를 알 수 있는데, 뿌리가 잘 자라면 줄기가 보기 좋게 지그재그 모양이 된다. 꺾꽂이를 하면 가늘어지지만, 뿌리와 포기가 튼튼하면 특징이 나타난다. 과습을 피해서 낮은 화분이나 행잉 화분으로 재배하는 것이 좋다.

미르메피툼

Myrmephytum

꼭두서니과. 인도네시아를 중심으로 5종 정도 분포한다. 나무줄기에 착생하며, 긴 타원형 잎이 사방으로 나오고, 밑동이 부풀어 오른다. 개미와 공생하기 때문에 밑동을 자르면 개미집 모양의 빈 구멍이 있다.

히드노피툼

Hydnophytum

꼭두서니과. 필리핀, 인도네시아, 파푸아뉴기니 등의 열대우림부터 고지대의 운무림에 50종 정도 분포한다. 착생식물로 독특한 포기 모양이 매력이다. 덩이줄기에 개미가 공생하며, 내한성은 약해서 12℃ 이상에서 관리(고산성 품종은 여름철에 25℃ 이하)하는 것이 좋다. 물이끼나 코코칩에 심고, 높은 습도와 충분한 빛이 확보되고 바람이 잘 통하는 환경을 만들어준다.

포르미카룸

H. formicarum
① 10~100cm(2~6호)
② 12~30℃ ③ ★★★☆☆

잎은 타원형으로 표면이 매끄럽다. 덩이줄기 위쪽에서 가지가 나온다. 초기 생육은 느리며, 뿌리는 나무줄기를 껴안듯이 위로 자라고, 건습을 반복하면 표면이 울퉁불퉁해진다. 둥글게 만들려면 극단적인 건조는 절대 금지.

셀레비쿰

M. selebicum
① 10~50cm(2~5호)
② 5~35℃ ③ ★★★☆☆

볼록하게 부푼 밑동에서 가시 모양의 공기뿌리가 자란다. 습도가 높은 환경을 좋아하므로, 분무기를 사용하여 밑동에도 정기적으로 물을 뿌려주는 것이 좋다 (p.151). 여름부터 가을에 푸르스름한 꽃을 피운다.

마코데스 〔유통명〕 보석란

Macodes

난초과. 동남아시아를 중심으로 10종 정도가 분포한다. 페톨라는 일본 난세이 제도에도 자생한다. 땅속에 뿌리를 내리는 지생종이다. '보석란'은 마코데스나 아노익토킬루스를 통틀어 부르는 이름으로, 잎맥이 빛나는 것처럼 보인다고 해서 붙여진 이름이다. 현미경으로 보면 잎맥 표면이 기포 같은 구조의 집합체로 빛을 난반사시킨다.

페톨라

M. petola
① 5~20cm(2~3호)
② 12~30℃ ③ ★★★★☆

습도가 높은 환경을 특히 좋아한다. 여름철에는 바람이 잘 통하게 하여 시원하게 관리한다. 열기와 습기가 차면 노균병 등이 발생하여 잎이 녹는다.

필레아 〔국명〕 물통이속

Pilea

쐐기풀과. 전 세계의 열대부터 아열대에 650종 정도가 분포한다. 잎 모양, 색, 무늬 유무 등이 다른 여러 종류가 있다. 열대우림의 오솔길 가장자리 등에 지피식물처럼 퍼진다. 습도가 높고 바람이 잘 통하는 양지를 좋아한다.

페페로미오이데스

P. peperomioides
① 5~60cm(2~6호)
② 5~30℃ ③ ★★★☆☆

둥근 잎은 지름 10cm 정도로 자란다. 줄기는 똑바로 자라고, 60cm 이상 자라는 경우도 있다. 여름철에 더울 때 강한 빛 아래 두면 생육이 느려진다.

피쿠스

고무나무 종류로 생육이 왕성하다. 어두운 곳에서 키울 수 있는 종류도 있고, 재배하기 쉬워서 관엽식물을 처음 키우는 사람에게도 적합하다. 줄기를 구부려서 모양을 만들거나 공기뿌리로 야성미를 부각시키는 등 여러 가지 방법으로 오래 즐길 수 있다.

착생시키면 작은 잎과 함께 흥미로운 뿌리의 모습을 즐길 수 있다.

대만고무나무

피쿠스
(국명) **무화과나무속**

Ficus

뽕나무과. '휘커스'라고 부르기도 한다. 세계의 열대지역을 중심으로 온대까지 850종 정도가 분포한다. 작은키나무~큰키나무인데, 그중에는 키가 30m나 되는 것도 있으며, 왕모람(푸밀라고무나무) 등과 같은 덩굴성 식물도 있다. 관엽식물로 이용되는 것은 상록성인데, 과일나무인 무화과나무처럼 낙엽성인 것도 있다. 상처가 나면 희뿌연 액체가 나온다. 인도고무나무, 대만고무나무 등 공기뿌리가 자라는 것이 많고, 독특한 뿌리 모양을 즐길 수 있어서 인테리어용으로도 인기가 많다.

화분에 심으면 위로 곧게 자란다. 착생과 화분 심기의 차이도 흥미롭다.

대만고무나무 '판다'
(유통명) 판다고무나무

F. microcarpa 'Panda'
① 10~150cm(2~8호)
② 8~35℃ ③ ★★★☆☆

잎은 3~5cm 정도로 둥그스름하고 윤기가 난다. 접나무모(접목묘)의 경우 바탕나무에서 나오는 공기뿌리나 싹은 잘라낸다. 꺾꽂이한 포기는 뿌리가 약해서, 옮겨심을 때 묵은 잎을 제거해야 한다. 환경의 변화에 민감하다.

대만고무나무
(유통명) 가지마루

F. microcarpa
① 10~200cm(2~15호)
② 3~35℃ ③ ★☆☆☆☆

길이 3~5cm 정도의 잎이 많이 달린다. 뿌리 일부가 흙 위로 나온 상태에서 유통되는 경우가 많다. 공기뿌리도 잘 자라므로 착생도 가능하다. 튼튼해서 0℃ 이상에서 겨울을 날 수 있으며, 어두운 곳에서도 잘 견딘다.

벤자민고무나무 '사이테이션'(무늬종)

F. benjamina
'Citation' variegated

① 10~150㎝(2~8호)
② 8~35℃ ③ ★★☆☆☆

잎은 길이 5㎝ 정도이고 크게 말려 있다. 생육이 왕성하고 건조에도 강하며, 대만고무나무처럼 뿌리가 비대하다. 마찬가지로 잎이 말리는 '바로크벤자민고무나무'의 무늬종과는 다른 품종이다. 해외에서는 바로크벤자민고무나무를 '판도라(Curly Weeping Fig)'라고 부른다.

벤자민고무나무 '블랙'

F. benjamina 'Black'

① 50~200㎝(5~8호)
② 5~35℃ ③ ★★☆☆☆

잎은 짙은 녹색으로 길이는 5~10㎝인데, 가장자리가 물결처럼 구불거린다. 일본에서 선발된 품종으로 생육이 왕성하여, 원종인 벤자민고무나무에 비해 환경이 변화하거나 건조해도 잎이 잘 떨어지지 않고, 어두운 실내에서도 잘 견딘다.

p.54~55에서는 인도고무나무(*F.elastica*)의 여러 가지 품종을 소개한다!

인도고무나무 '소피아'

F. elastica 'Sophia'
① 15~150cm(3~8호)
② 5~35℃　③ ★☆☆☆☆

잎은 두껍고 둥그스름하며, 매끄럽고 광택이 난다. 마디 사이가 촘촘하여 아담한 모양이 앙증맞다. 생육은 느리고 환경의 변화에 강하다.

인도고무나무 '버건디'

F. elastica 'Burgundy'
① 15~200cm(3~10호)
② 5~35℃　③ ★☆☆☆☆

잎은 두껍고 거무스름한 빛을 띤다. 생육이 왕성하고 강한 빛을 받으면 턱잎*이 붉게 물들어 검은 잎과 대비를 이룬다. 위로 곧게 자라기 때문에, 줄기를 가지치기 하여 가지를 늘리거나 구부려서 변화를 즐겨보자.

가지를 늘릴지 구부릴지, 마음에 드는 방법을 골라보자.

* 턱잎: 잎자루 아래쪽에 붙어 있는 작은 잎.

인도고무나무 '아폴로'

F. elastica 'Apollo'
① 30~200cm(4~10호)
② 5~35℃ ③ ★★☆☆☆

마디 사이가 짧고 잎이 빽빽하게 난다. 생육은 느려서, 화분에 심으면 20cm 자라는 데 몇 년이 걸린다. 일본 오키나와 등 따듯한 지역의 정원에 심으면 생육이 빨라진다. 봄에 새싹이 말라서 쪼그라드는 것은 총채벌레 때문이므로, 즉시 농약을 살포한다.

인도고무나무 '티네케'
유통명 수채화고무나무

F. elastica 'Tineke'
① 15~120cm(3~6호)
② 10~35℃ ③ ★★★☆☆

잎은 무늬의 면적이 커서 화려한 느낌이다. 생육은 느리고, 습도 등 환경의 변화로 잎 가장자리가 마르기도 한다. 줄기가 다른 종류보다 조금 가늘다. 3~6호 화분에 심어서 즐겨보자. 무늬를 아름답게 유지하기는 어렵다.

인도고무나무 '아사히'(가운데 무늬)

F. elastica 'Asahi' variegated
① 15~80cm(3~6호)
② 10~35℃ ③ ★★★★★

'아사히'의 가지변이(아조변이)로 무늬의 면적이 크다. 생육이 매우 느리고 재배하기 어렵다. 줄기도 대부분 흰색인데, 수분이 많으면 검은 반점이 생기기 쉽다. 조금 작은 화분에서 뿌리를 튼튼하게 키워야 한다.

인도고무나무 '진'

F. elastica 'Jin'
① 15~120cm(3~6호)
② 5~35℃ ③ ★★☆☆☆

두꺼운 잎에 산반무늬가 있다. 생육은 느리며, 어두운 환경에서는 잎색이 짙어져서 무늬가 잘 보이지 않는다. 특징을 부각시키려면 3000룩스 이상에서 키운다. 작은 화분부터 중간 크기 화분까지 사용할 수 있다.

빈넨디키이 '암스테르담 킹'

F. binnendykii 'Amsterdam King'

① 30~300cm(4~15호)

② 5~35℃   ③ ★☆☆☆☆

가늘고 긴 짙은 녹색의 잎과 갈색 줄기가 매력적이다. 뿌리가 튼튼하면 2m 넘게 자란다. 강하게 가지치기를 해서 모양을 정리하는 것이 좋다. 조금 어두워도(2000 룩스 정도) 잘 견딘다.

크리슈나이

F. krishnae

① 15~200cm(3~10호)
② 5~35℃ ③★★★☆☆

벵갈고무나무의 원예종. 생육이
느려서, 잎을 많이 유지하기는 어
렵다. 잎맥이 단단하게 위축되어
있어, 노화가 빠르고 잎이 잘 떨
어진다. 환경이 변하면 잎이 떨어
지므로 되도록 일정하게 유지한
다. 뿌리를 튼튼하게 키우면 잎
수가 증가한다.

루비기노사고무나무

유통명 프랑스고무나무

F. rubiginosa

① 15~150cm(3~8호)
② 5~35℃ ③★☆☆☆☆

잎은 길이가 10cm 정도이고, 줄
기가 잘 구부러져서 원하는 모양
으로 만들 수 있다. 조금 어두운
곳에서도 잘 견디며, 생육이 왕성
하여 비료를 충분히 주면 놀랄 만
큼 성장한다. 공기뿌리도 잘 자란
다. 초보자용으로 적합하다.

가을부터 무화과를 닮
은 열매가 달린다. 식용
은 아니기 때문에 맛은
좋지 않다.

길고 가느다란 열매가
많이 달린다.

습도가 높고 어두운
환경에서는 잎이 커지
고, 조금 건조한 환경
에서는 작아진다.

우산고무나무

F. umbellata

① 15~250cm(3~15호)
② 5~35℃ ③★☆☆☆☆

둥근 모양의 얇고 부드러운 잎과
하얀 줄기의 대비가 보기 좋다.
잎이 빠르게 새로 나오기 때문에,
봄부터 가을에 햇빛과 바람을 잘
쐬어주어 아담하고 튼튼한 포기
를 만든다. 잎응애나 건조에 주의
한다. 초보자용으로 적합하다.

델타고무나무

F. deltoidea

① 15~80cm(3~8호)
② 5~35℃ ③★★☆☆☆

잎은 둥글고 잎 뒤쪽은 노란색이
다. 어두운 환경에서는 잎 뒤쪽에
색이 들지 않는다. 가느다란 줄기
는 잘 갈라져서, 원하는 포기 모
양을 쉽게 만들 수 있다. 특히 빛
을 좋아해서, 어두운 환경에서는
줄기가 가늘어지고 잎이 늘어지
며 새싹이 떨어진다.

알티시마(무늬종)

F. altissima variegated
① 15~200cm(3~10호)
② 5~35℃　③ ★☆☆☆☆

노란색 무늬가 있는 잎이 특징이다. 3개월 정도면 놀랄 만큼 크게 자란다. 잎색은 직사광선 아래(약 5만 룩스)에서는 노란색이 되고, 어두우면 녹색이 짙어진다. 잎 뒤쪽의 잎맥이나 잎자루 아래쪽에 달라붙는 깍지벌레에 주의한다. 초보자용으로 적합하다.

> 밝기에 따라 잎색이 변하므로, 재배 장소의 환경을 알 수 있는 척도가 되기도 한다.

떡갈잎고무나무 '밤비노'

F. lyrata 'Bambino'
① 15~180cm(3~10호)
② 5~35℃　③ ★★☆☆☆

떡갈잎고무나무의 소형 타입. 잎은 길이가 15cm 정도이고, 생육은 느리며, 생육과 휴면을 반복한다. 줄기에 검은 턱잎이 생기는데, 제거하지 않으면 깍지벌레가 발생하기 쉽다.

바키니오이데스

F. vaccinioides
① 15~100cm(3~6호)
② 5~35℃　③ ★★★☆☆

덩굴성으로 길이 2cm 정도의 작은 잎이 달린 가지를 뻗어, 지면이나 벽면 위를 기듯이 성장한다. 생육이 지나치게 왕성하여 종종 물이 부족해지므로, 생육기에는 특히 주의한다.

바위고무나무

F. petiolaris
① 15~200cm(3~10호)
② 5~35℃　③ ★★★☆☆

하얀 줄기와 밑동의 덩이줄기가 매력적인 관엽식물. 빛이 강하면 생육이 왕성해진다. 바람이 없는 곳에서는 잎이 얇아져서 잘 떨어진다. 잎맥이 붉어지지 않으면 빛이 부족하다는 신호. 잎 수를 늘리려면 뿌리를 튼튼하게 키워야 한다.

가지를 구부려서 모양 만들기

● 피쿠스의 줄기(가지)는 유연하기 때문에 분재를 만들 때처럼 구부려서 자신이 원하는 포기 모양을 만들 수 있다. 어떤 종류라도 가능하지만, 줄기가 부드러운 포기를 골라 물을 충분히 흡수시킨 뒤 작업한다. 건조한 상태에서 작업하면 물을 준 뒤 줄기가 갈라질 수 있다.

● 적기/4월 상순～7월 하순, 9월 상순～10월 하순(실온 15℃ 이상을 유지할 수 있으면 겨울에도 가능)

❶ 묘목을 준비한다

시판 묘목 또는 직접 꺾꽂이로 만든 묘목을 준비한다. 작업하기 전에 물을 충분히 흡수시킨다.
(예)루비기노사고무나무

❷ 구부릴 도구 만들기

두께 2㎜ 철사를 '산(山)'자 모양으로 구부린다. 코팅된 식물용 지지대가 적당히 단단해서 사용하기 좋다.

③ 남은 철사의 끝부분을 건다.
② 철사의 가운데 부분을 줄기 반대쪽에 건다.
④ ②를 중심으로 줄기를 구부린다.
① 철사의 끝부분을 건다.

❸ 줄기에 철사를 건다

'산(山)'자 모양의 가운데 부분을 중심으로 줄기를 구부린다. 마디 사이에서 구부리면 잘 부러지지 않는다.

❹ 원하는 모양을 만든다

철사를 3～5개 걸어서 원하는 방향으로 구부린다. 6개월이 지나 모양이 고정되면 철사를 제거한다.

가지의 곡선을 즐기자

가지를 구부리면 리드미컬한 움직임이 생겨서, 감상하는 즐거움도 배가 된다. 처음이라면 줄기가 부드러워서 잘 구부러지는, 루비기노사고무나무(사진)를 추천한다.

가지가 부러져도 문제없다!

가지가 부러져도 나무껍질이 이어져 있으면, 일시적으로 성장은 느려져도 계속 생장한다. 부러진 부분에서는 공기뿌리가 자라므로 그 모습을 즐겨보자. 완전히 부러진 경우 절단면을 다듬어서 꺾꽂이를 한다.

문제는 신속히 해결한다!

① 깍지벌레나 쥐며느리로 인해 뿌리가 상했을 수 있다. 농약을 살포하거나 새로운 흙으로 옮겨심는다.
② 비료 부족 때문이다. 보통 1주일에 1번 주는 액체비료를 2번으로 늘린다.
③ 가루깍지벌레가 있으면 아랫잎에 배설물이 떨어져 그을음병이 발생한다. 잡아서 제거하거나 알맞은 농약을 살포한다(p.155).

① 새잎이 시든다.

② 잎이 누렇게 변한다.

가루깍지벌레
그을음병

③ 잎에 그을음 같은 것이 보인다.

아로이드 종류

아로이드(Aroid)는 천남성과 식물을 통틀어 부르는 이름이다. 커다란 잎이나 독특한 결각이 있는 종류를 실내에 장식하면, 손쉽게 열대의 분위기를 연출할 수 있다. 흰색이나 노란색 무늬가 있는 품종은 청량감이 느껴지는 여름 인테리어를 위해 빼놓을 수 없는 식물이다. 하나의 작품처럼 포기 모양을 즐길 수 있는 종류도 있다.

에피프렘눔
유통명 **에피프레넘**

Epipremnum

열대 아시아를 중심으로 15종 정도가 분포한다. 늘푸른 덩굴식물로 나무나 바위를 기어오르면서 자란다. 같은 속의 스킨답서스(*E.aureum*)가 널리 알려져 있으며, 개량 품종도 유통되고 있다. 나무고사리(헤고) 등에 착생시키는 경우도 많지만, 종류에 따라 일반 화분에 심거나 행잉 화분으로 재배하기도 한다. 비교적 어두운 곳에서도 잘 자란다.

'글로벌 그린'

E. aureum 'Global Green'
① 10~100cm(3~5호)
② 12~35℃ ③ ★☆☆☆☆
녹색 바탕으로 가운데에 무늬가 있다. 다른 품종과 달리 잎이 둥그스름하고 앙증맞다. 생육이 왕성하여 성장이 빠르므로, 비료가 부족하지 않도록 주의한다.

'테루노 러브 송'

E. aureum 'Teruno Love Song'
① 10~50cm(3~5호)
② 10~35℃ ③ ★★☆☆☆
잎이 안쪽으로 말리기 때문에 생육이 느리다. 이렇게 말리는 현상은 초봄에 두드러지고, 여름에는 조금 풀어지는 경향이 있다. 무늬가 있는 품종의 경우, 특유의 검은 반점이 잘 나타나지 않는다. 덩굴이 늘어지지 않게 화분 안에 말아 넣고, 잎을 즐기는 것이 좋다.

'엔조이'

E. aureum 'N'joy'
① 10~100cm(3~5호)
② 12~35℃ ③★☆☆☆☆

하얀 무늬가 있는 작은 잎이 아름답다. 생육은 느리며, 잎은 위로 기어오르게 하면 커진다. 마디 사이가 짧고 밑동에 잎이 많아서 아담한 느낌이다. 행잉 화분에 심고 늘어뜨려서 즐겨보자.

픽투스

S. pictus
① 15~200cm(3~8호)
② 15~35℃ ③★★☆☆☆

은색 잎에 녹색 반점이 있다. 덩굴을 늘어뜨리면 2m 이상 자란다. 습기를 좋아해서, 물이 부족하거나 건조한 환경에서는 잎이 안쪽으로 말린다. 그런 경우에는 밤에 전체를 밀폐(p.141)하면 개선된다. 초보자용으로 적합하다.

스킨답서스

Scindapsus

동남아시아, 뉴기니, 호주 북동부, 남태평양의 섬 등에 30종 정도가 분포한다. 늘푸른 덩굴 식물로 나무나 바위를 타고 기어오른다. 에피프렘눔과의 차이는 씨앗의 수로, 잎이나 포기 모양으로는 구별하기 어렵다. 에피프렘눔과 마찬가지로 내음성은 강하지만 추위에는 약하다.

핀나툼

E. pinnatum
① 10~100cm(2~8호)
② 10~35℃ ③★★☆☆☆

잎에 결각이 있는 것이 특징이다. 지지대 등을 세워 덩굴이 기어오르게 하면, 잎의 결각이 늘어나며 거대해진다. 그대로 두면 옆으로 자라며, 어두운 환경에서는 잎이 나오지 않고 덩굴만 자란다. 서로 경쟁하기 때문에 1개의 화분에 1포기만 재배하는 것이 좋다.

여름철 생육기에 분무기로 잎에 물을 뿌려주면, 커다랗게 자란다. 겨울에는 얼지 않도록 주의한다.

'올모스트 실버'

S. pictus 'Almost Silver'
① 15~200cm(3~8호)
② 15~35℃ ③★★★☆☆

잎색이 은색에 가깝고, 길이가 5~6cm로 크며, 생육은 느리다. 추우면 극단적으로 생육이 느려지고, 잎에 수포처럼 반점이 생기거나 누렇게 변한다.

안스리움

Anthurium

열대 아메리카~서인도 제도에 1,300종 정도가 분포한다. 지생종과 착생종이 있으며, 잎을 즐기는 종류 외에 꽃을 즐기기 위해 유통되는 종류도 많다. 꽃은 '육수꽃차례'라고 불리는 가늘고 긴 원기둥 모양의 부위에 모여서 핀다. 그 주위의 꽃잎처럼 보이는 것은 '불염포'*로, 아름다운 것은 꽃이나 잎처럼 감상하기도 한다.

베이트키이

A. veitchii
① 20~150㎝(3~8호)
② 10~35℃ ③ ★★★☆☆

잎이 크고 길며, 재배 환경에서는 1.5m가 넘는 것도 있다. 가느다란 잎맥이 아름답다. 습도가 높은 환경을 좋아하며, 추위에 강해서 최저 온도 10℃ 이하에서도 잘 견딘다.

'킹 오브 안스리움'이라고 부르기도 한다. 잎을 크게 키우려면, 분무기로 잎에 물을 잘 뿌려줘야 한다.

와로퀘아눔

A. warocqueanum
① 10~100㎝(2~6호)
② 15~35℃ ③ ★★★★★

잎은 가늘고 길며 가느다란 털이 빽빽하게 나서 벨벳처럼 보인다. 안스리움의 여왕이라고 할 정도로 키우기 까다롭다. 잎에 난 털은 수분을 빨리 건조시킨다. 습도가 70% 이상 유지되고, 바람이 적당히 부는 환경을 좋아한다.

★ 불염포: 육수꽃차례(다육질 꽃대 주위에 자루가 없는 꽃이 많이 달린 부위)를 감싼 커다란 포엽.

수페르붐

유통명 슈퍼붐

A. superbum

① 20~50cm(3~6호)

② 10~35℃ ③★★★★☆

울퉁불퉁한 잎이 사방으로 퍼지
면서 위로 선다. 벨벳 같은 잎 앞
면과 붉은 기를 띤 잎 뒷면의 차
이가 매력적이다. 성장은 느리며,
착생종이기 때문에 물이 잘 빠지
는 흙을 좋아한다.

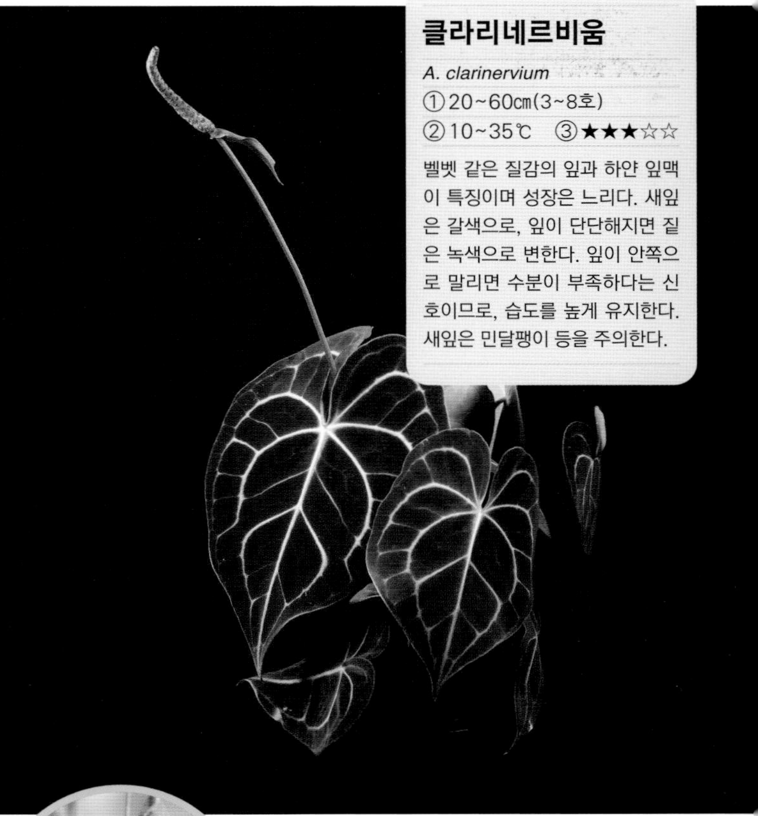

클라리네르비움

A. clarinervium

① 20~60cm(3~8호)

② 10~35℃ ③★★★☆☆

벨벳 같은 질감의 잎과 하얀 잎맥
이 특징이며 성장은 느리다. 새잎
은 갈색으로, 잎이 단단해지면 짙
은 녹색으로 변한다. 잎이 안쪽으
로 말리면 수분이 부족하다는 신
호이므로, 습도를 높게 유지한다.
새잎은 민달팽이 등을 주의한다.

레플렉시네르비움

A. reflexinervium

① 10~30cm(3~8호)

② 12~30℃ ③★★★★★

소형으로 울퉁불퉁한 잎이 특징
이다. 습도가 매우 높은 환경을
좋아하고, 생육은 느려서 새잎은
1년에 2~3장 정도 나온다. 조금
어두운 환경(3000룩스 정도)에
서도 자란다. 여름철 고온에 주의
한다.

붉은 열매가 매력적이다.
꽃은 갈색으로 작지만, 제
꽃가루받이를 하여 씨앗을
얻을 수 있다.

그라킬레

A. gracile

① 10~60cm(2~5호)

② 10~35℃ ③★★☆☆☆

가느다란 잎과 두꺼운 뿌리가 특
징이다. 습도가 높으면 하얗고 커
다란 공기뿌리가 자라 독특한 모
양을 즐길 수 있다. 포기가 약해지
거나 뿌리가 잘리면, 뿌리 끝에서
싹이 나와 새끼 포기를 만든다.

'로열 핑크 챔피언'

A. 'Royal Pink Champion'

불염포, 육수꽃차례 모두 핑크색으로 통일된 모습이 매력이다. 포기는 아담하고 잎은 두껍다. 중형.

Column

꽃을 즐기는 안스리움

꽃을 즐기는 용도로 많이 판매되는 것은 홍학꽃(*A. andraeanum*)을 부모로 교배시킨 원예품종이다. 절화로도 널리 유통되고 있다. 최근에는 육종이 추진되어 아담하고 꽃이 잘 피는 품종이 늘어나, 꽃이 2달 이상 가는 것도 많으며 병에도 강하다. 또한 모든 품종이 키(포기의 길이)는 30~80㎝ 정도, 생육 온도는 15~30℃, 재배 난이도는 2(★★☆☆☆)이다.

'네바다'

A. 'Nevada'

불염포는 산뜻한 붉은색으로, 노란색 육수꽃차례와의 대비가 아름답다. 중형으로, 꽃송이가 커서 인기 있는 품종이다.

'스위트 드림'

A. 'Sweet Dream'

불염포, 육수꽃차례 모두 핑크색. 불염포 가장자리가 녹색으로 변한다. 소형~중형.

'시에라 화이트'

A. 'Sierra White'

불염포는 흰색. 꽃이 오래 가고, 포기 모양을 예쁘게 가꾸기 쉬운 품종이다. 소형~중형.

'콜로라도'

A. 'Colorado '

불염포는 핑크색인데 가장자리에 녹색이 남아 있다. 육수꽃차례는 노란색에서 흰색으로 변한다. 소형~중형.

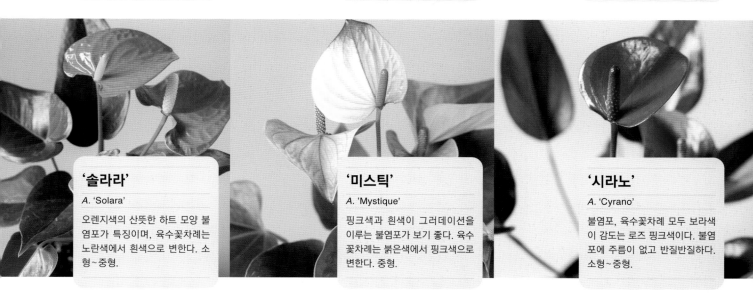

'솔라라'

A. 'Solara'

오렌지색의 산뜻한 하트 모양 불염포가 특징이며, 육수꽃차례는 노란색에서 흰색으로 변한다. 소형~중형.

'미스틱'

A. 'Mystique'

핑크색과 흰색이 그러데이션을 이루는 불염포가 보기 좋다. 육수꽃차례는 붉은색에서 핑크색으로 변한다. 중형.

'시라노'

A. 'Cyrano'

불염포, 육수꽃차례 모두 보라색이 감도는 로즈 핑크색이다. 불염포에 주름이 없고 반질반질하다. 소형~중형.

'졸리 브러시'

A. 'Joli Brush'

불염포, 육수꽃차례 모두 옅은 핑크색인데, 아래쪽에 녹색이 남아 있다. 꽃이 많이 피는 품종이다. 소형~중형.

'셈프레'

A. 'Sempre'

불염포가 울퉁불퉁하며, 짙은 갈색의 차분한 분위기가 특징이다. 잎도 살짝 어두운색이다. 중형~대형.

'시보리'

A. 'Shibori'

불염포는 흰색 바탕에 붉은색 무늬가 있다. 하와이에서 탄생한 오래된 절화 품종이다. 대형.

몬스테라

Monstera

열대 아메리카에 60종 정도가 분포한다. 덩굴성 또는 등반성으로, 공기뿌리를 뻗어 착생하고 나무나 바위 위를 기어오른다. 기어오르면서 잎에 깊은 결각이나 구멍이 늘어난다. 여러 가지 이야기가 있는데, 결각은 바람을 잘 통하게 하거나 잎이 잘 마르도록 증발을 촉진시키기 위해 발달한 것이라고 한다.

델리키오사(무늬종)

M. deliciosa variegated
① 15~100㎝(3~8호)
② 10~35℃　③★★☆☆☆

예전에는 보르시기아나(*M. deliciosa var. borsigiana*)라고 불렸다. 결각이 있는 커다란 잎과 잎 전체에 무늬가 있는 것이 특징이다. 녹색 잎 델리키오사보다 작으며, 예전에는 페르투사(*M. pertusa*)의 무늬종으로 유통되었다. 습도가 낮은 곳에서는 무늬 부분이 갈색으로 시들기 쉬우므로 주의한다.

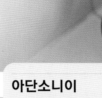
관엽식물을 처음 재배한다면 몬스테라 델리키오사를 추천한다. 구하기 쉽고 키우기도 쉽다.

델리키오사

M. deliciosa
① 10~150cm(2~10호)
② 8~35℃   ③ ★☆☆☆☆

커다란 잎이 특징이다. 씨모(실생묘)로 2호 화분부터 10호 화분 이상까지 많이 유통된다. 생육이 왕성하여, 잎은 1년에 2~6장 정도 나온다. 결각은 어린잎을 포함하여 7장째 정도부터 생긴다. 씨앗으로 키운 포기가 많아서, 보기 드물게 특징적인 잎을 만날 수 있다.

'콤팩타'

M. deliciosa 'Compacta'
① 10~50cm(2~5호)
② 10~35℃   ③ ★★★☆☆

잎은 끝부분이 가늘고 작으며, 결각이 깊어 날카로운 느낌을 준다. 델리키오사의 씨앗으로 키운 묘목 중에서 선발한 품종이다. 생육이 느려서, 잎은 1년에 2~3장 정도 나온다. 천천히 즐겨보자.

아단소니이

M. adansonii
① 10~100cm(2~8호)
② 12~35℃   ③ ★★★☆☆

잎에 커다란 구멍이 많다. 생육이 왕성하지만 12℃를 밑돌면, 아랫잎부터 누렇게 변하고 새잎은 작아진다. 헤고 기둥을 타고 올라가게 하면, 구멍이 커져서 보기 좋은 모습이 된다. 식물원에서 볼 수 있는 커다란 포기도 재미있다.

'후쿠스케'

M. deliciosa 'Fukusuke'
① 10~50cm(2~5호)
② 10~35℃   ③ ★★★☆☆

잎은 작고 그릇처럼 오목한 모양이다. 델리키오사의 씨앗으로 키운 묘목 중에서 선발한 품종이다. 생육이 매우 느려서, 잎은 1년에 1~2장 정도 나온다. 결각은 깊지만 구멍은 뚫리지 않는다. 뿌리가 두껍고 줄기도 목질화되기 쉽다.

필로덴드론

Philodendron

중남미의 열대우림 등에 600
종 정도가 분포한다. 착생, 덩굴
성, 등반성 등이 있다. 어린잎
과 성숙한 잎은 모양이 다르다.
숲속의 지면 등 습도가 높은 환
경을 좋아하며, 용토는 유기질
과 무기질 모두 사용 가능하다.
12℃ 이하에서는 잎에 반점이
나 수포가 생길 수도 있다. 교배
가 진행되어 원예품종이 50종
이상 존재한다.

'플로리다 뷰티'

P. 'Florida Beauty'
① 10~60cm(2~6호)
② 10~35℃   ③ ★★☆☆☆

독특한 모양의 잎에 노란색 무늬
가 있다. 생육은 왕성하며, 성숙
하면 결각이 깊어진다. 헤고 기
둥을 타고 오르게 하면 잎이 커진
다. 새잎 3장에 무늬가 생기지 않
으면 순지르기를 하고, 줄기에도
무늬가 있는 부분을 꺾꽂이하여
갱신시킨다.

비핀나티피둠

유통명 셀로움

P. bipinnatifidum
① 10~200cm(2~10호)
② 5~35℃   ③ ★☆☆☆☆

잎에는 결각이 있고, 대형으로
1m가 넘는 것도 있다. 줄기가 두
꺼워지고 나무처럼 선다. 잎 무게
로 잎자루가 벌어질 경우, 습도를
높이고 매주 화분을 회전시켜서
아담하고 튼튼하게 키운다. 서리
를 피하고 온도를 0℃ 이상 유지
하면 겨울을 날 수 있다.

빛이 강한 환경에서
저온에 노출되면, 잎
이 붉그스름해지며 단
풍이 든다.

'내로 이스케이프'

P. 'Narrow Escape'
① 10~80cm(2~8호)
② 8~35℃ ③ ★★☆☆☆
잎은 가늘고 길며 결각이 많다.
나무에 기대어 사방으로 잎을 펼
치고, 나무처럼 선다. 생육은 왕
성하고, 비료가 부족하면 묵은 잎
에 붉은색이나 다갈색 반점이 생
기기 쉽다.

'플로리다'

P. 'Florida'
① 10~60cm(2~6호)
② 8~35℃　③ ★☆☆☆☆

잎은 창 모양이고 결각은 3장째
정도부터 생긴다. 잎자루가 붉으
며, 튼튼해서 쉽게 키울 수 있다.
잎은 위로 자랄수록 크고, 저온이
나 건조한 조건에서는 작아진다.

'내로 이스케이프'
아우레아

P. 'Narrow Escape' Aurea
① 10~100cm(2~8호)
② 8~35℃　③ ★★☆☆☆

황금색 잎으로 얇은 결각이 있다.
봄가을에는 일교차 때문에 새잎
이 오렌지색이 된다. 생육은 느리
고, 어두우면 잎색이 퇴색한다.
밝은 환경(5000룩스 이상)에서
관리하는 것이 좋다.

'엘프'

S. 'Elf'
① 10~50cm(2~6호)
② 8~33℃ ③ ★☆☆☆☆

잎은 화살촉 모양이고, 흰색 무늬가 불규칙하게 있어서 잎색이 복잡하고 아름답다. 생육은 왕성하여, 둥근 덤불 모양의 포기가 된다. 새끼 포기가 잘 나오고 잎이 많아지기 쉽다. 물이나 비료가 부족하지 않게 주의한다.

싱고니움

Syngonium

멕시코, 콜롬비아, 브라질 등 중남미에 40종 정도가 분포한다. 열대우림의 나무 위를 기어오르는(등반성) 덩굴식물. 잎은 어린 모종일 때는 삼각형이지만, 성숙하면서 3~5개로 갈라진다. 헤고 기둥에 착생시켜 기어오르게 하면 꽃도 핀다. 불염포는 흰색인데, 꽃이 핀 다음에는 오렌지색이나 보라색 등으로 변한다. 내한성도 있어서 온난한 지역에서는 지피식물로 이용하기도 한다.

스파티필룸

Spathiphyllum

인도네시아, 필리핀, 남미에 50종 정도가 분포한다. 축축한 열대우림에 자생하며, 잎은 짙은 녹색으로 원형이나 긴 타원형이다. 생육이 왕성하여 해마다 꽃이 핀다. 꽃줄기가 잎보다 길게 자라고, 끝부분에 하얀 불염포(꽃처럼 보이는 부분)가 달린다. 내음성이 강하고 새끼 포기도 잘 나온다. 대형종이나 무늬가 있는 종류, 원예품종도 많다.

꽃이 없어도 아름다워서 추천하는 품종. 밝은 환경에서 키우면 무늬가 선명해진다.

'피카소'

S. 'Picasso'
① 10~80cm(2~4호)
② 10~33℃ ③ ★★★☆☆

잎은 짙은 녹색으로 무늬가 선명하다. 생육이 왕성하여 새끼 포기가 잘 나온다. 습도가 크게 변하거나 어두운 환경에서는, 무늬 부분이 갈색으로 변하며 시든다. 포기가 튼튼하면 해마다 꽃이 핀다.

아글라오네마

Aglaonema

말레이시아, 태국, 싱가포르 등 동남아시아에 25종 정도가 분포한다. 소형부터 대형까지 있고, 잎몸(엽신)이 긴 것이 많다. 직립성으로 자생지에서는 성숙하면 새끼 포기가 나와 군생한다. 열대우림의 낙엽이 많은 지면에 자생하기 때문에, 비료를 좋아하지만 생육은 느리다. 녹색이 많은 잎은 어두운 환경일수록 색이 더 잘 살아난다.

자생지에 따라 모양이나 잎의 가늘기가 달라서, 수집하는 사람이 많다.

픽툼

A. pictum
① 10~30cm(2~3호)
② 15~30℃ ③ ★★★★☆
얼룩덜룩한 무늬가 있는 잎은 얇고, 환경 변화에 약하다. 습도가 부족하면 잎이 잘 커지지 않는다. 약한 빛(3000룩스 이하)에서 잎 색이 선명해지고, 밝으면 잎 전체가 노랗게 된다.

'아비장'

A. 'Abidjan'
① 15~30cm(3~8호)
② 12~35℃ ③ ★★★☆☆
잎은 타원형이고, 은색 바탕에 짙은 녹색 무늬가 있다. 소형으로 밑동에서 여러 개의 줄기가 올라온다. 내음성이 있어서 상당히 어두운 곳에서도 웃자라지 않는다. 추우면 잎이 쉽게 변색된다.

'고스트'

A. 'Ghost'

① 10~30cm(2~5호)

② 15~35℃ ③ ★★★☆☆

새하얀 잎자루와 구불구불하고 가는 잎의 밸런스가 환상적이다. 잎 무늬는 은색이며, 소형이고, 생육은 느리다. 줄기가 여러 개로 갈라지면 아랫잎이 적어진다. 새롭게 갱신시키려면, 6월에 꺾꽂이 또는 휘묻이를 하는 것이 좋다.

'어스피셔스 레드'

A. 'Auspicious Red'

① 10~30cm(2~5호)

② 12~35℃ ③ ★★☆☆☆

중형으로 생육은 느리다. 어린잎은 녹색에 붉은빛을 띤 핑크색 무늬가 있고, 성숙하면 잎 전체가 붉은빛을 띤 핑크색으로 변한다. 강한 빛을 좋아해서, 환경이 적합하면 잎이 사방에서 나온다. 건조하면 잎이 옆으로 벌어진다.

'밀키 웨이'

A. 'Milky Way'

① 15~50cm(3~8호)

② 15~35℃ ③ ★★★☆☆

잎은 타원형으로 중심은 은색이다. 전체적으로 하얀 반점이 있다. 잎자루는 하얗고 짧으며, 잎이 사방에서 올라온다. 생육은 다른 품종에 비해 느리다. 깍지벌레에 주의하고, 1포기만 심어서 보기 좋게 키우는 것이 좋다.

'도브'

A. 'Dove'

① 20~50cm(3~8호)

② 15~35℃ ③ ★★☆☆☆

커다란 잎에 복잡한 무늬가 있다. 생육은 느리며, 잎을 유지하려면 습도를 높이고 잎 뒤쪽을 분무기로 촉촉하게 적셔주는 것이 좋다. 대형이므로 큼직한 화분에 심고, 비료를 충분히 주면서 키우면 뿌리가 튼튼해진다.

키르토스페르마

<유통명> 사이토스페르마

Cyrtosperma

말레이시아, 인도네시아, 필리핀에 10종 정도가 분포한다. 열대우림의 시냇가 등에 자생하는 수생식물로, 소형부터 대형까지 있다. 성숙하면 꽃이 피는데, 불염포 바깥쪽이 검은색이거나 다갈색 줄무늬가 있는 등 특징적인 종류가 많다. 저온에 매우 약하고, 여름철 고온기에 비료를 주면 크게 성장한다.

아델로네마

Adelonema

중남미의 열대지역에 15종 정도가 분포한다. 호말로메나(*Homalomena*)속 중에서 같은 지역에 자생하는 종류를 분리하여 만든 속이다. 열대우림 속 지면이나 시냇가, 나무 밑동 등에 자생한다. 습도가 높은 환경을 좋아하며, 건조나 추위에 약하다. 잎이 화분을 덮어서 물이 잘 흡수되지 않을 수 있으므로 주의한다.

욘스토니이

<유통명> 존스토니

C. johnstonii

① 15~120cm (3~6호)
② 15~35℃ ③ ★★★★☆

잎은 화살촉 모양으로 색 배합이 복잡하다. 빛이 강한 환경에서는 붉은 기가 강해진다. 잎자루도 독특해서 가시 모양의 돌기가 많이 있다. 여름철에는 생육이 왕성하고 새끼 포기도 잘 나온다. 겨울철에는 15℃ 이상을 유지하는 것이 좋다.

왈리시이

A. wallisii (*Homalomena wallisii*)

① 15~30cm (3~6호)
② 12~30℃ ③ ★★★☆☆

타원형으로 얼룩덜룩한 무늬가 있는 잎이 특징이다. 여름철에는 잘 자라지만, 습도가 낮아지면 급격하게 잎을 말아서 증산을 억제한다. 생육기에는 물이 부족하지 않도록 주의한다.

생육이 빨라서 부지런히 옮겨심으면, 키가 60㎝ 정도 되는 커다란 포기로 자란다.

칼라디움
Caladium

열대 아메리카, 멕시코에 15종 정도가 분포한다. 열대우림 속 지면 또는 시냇가 등에 자생하며, 열대에서는 휴면하지 않고 잘 자라지만 추운 곳에서는 휴면한다. 원예품종도 많고 잎색이 풍부해서, 열대지역에서는 정원에 심는다. 원예품종은 가능한 한 밝은 곳에서 키우는 것이 좋다.

린데니이
유통명 산토소마 린드니
C. lindenii (*Xanthosoma lindenii*)
① 10~60cm(2~6호)
② 12~35℃   ③ ★★☆☆☆
커다란 화살촉 모양의 잎과 하얀 잎맥이 특징이다. 크산토소마속으로 분류되어 왔으나, 최근에 칼라디움속으로 변경되었다. 흙이 적당히 촉촉한 환경을 좋아하기 때문에, 물이 부족하지 않도록 주의한다.

알로카시아

Alocasia

열대 아시아, 호주 등에 80종 정도가 분포한다. 소형종부터 줄기가 위로 서는 대형종까지 다양한 종류가 있다. 소형종은 열대우림 속 낙엽이 있는 나무 그늘에서 볼 수 있다. 포기가 성숙하면 흙속에 작은 알뿌리가 생긴다. 옮겨심을 때 캐내서 엽초(잎 하단부에서 줄기를 둘러싸고 있는 부분)를 제거한 뒤 심으면 번식시킬 수 있다.

향토란

A. odora
① 15~150cm(3~10호)
② 12~30℃   ③ ★★☆☆☆

잎을 크게 키우려면 물이 잘 빠지는 흙에 뿌리를 잘 내리게 하여, 뿌리분을 크게 만든다. 알뿌리 윗부분이 잘록해지는 것은 환경의 변화로 성장이 느려졌기 때문이다. 뿌리를 내리면 다시 알뿌리가 두껍게 자란다.

'밤비노 애로'

A. 'Bambino Arrow'
① 10~40cm(2~5호)
② 12~35℃   ③ ★★★☆☆

길고 가느다란 잎과 하얀 잎맥이 특징이다. 생육이 왕성하고 로제트 모양으로 잎을 펼친다. 소형 품종으로 대형 품종보다 잎 수가 많아진다. 건조하거나 물이 부족하지 않게 주의하고, 잎응애나 깍지벌레를 꼼꼼히 방제한다.

새잎이 돋을 때는
녹색이다.

자미오쿨카스
Zamioculcas

1속 1종. 탄자니아, 남아프리카
등에 분포한다. 삼림 또는 바위
가 많은 지역에 자생하고, 다육
질 잎줄기에 작은 잎이 번갈아
달린다. 땅속에 알뿌리를 만든
다. 가뭄이 계속되면 작은 잎이
떨어지고, 밑부분에서 뿌리가
나와 새로운 포기가 된다. 뿌리
줄기와 뿌리가 잘 자라기 때문
에, 잊지 말고 옮겨심어야 한다.
잎꽂이가 가능하다.

금전초
유통명 **금전수**

Z. zamiifolia
① 15~100cm(3~8호)
② 8~35℃ ③ ★☆☆☆☆

잎은 두껍고 광택이 있다. 생육이
느려서 잎꽂이를 하면, 4호 화분
크기의 포기가 될 때까지 2년 정
도 걸린다. 땅속에 알뿌리를 만들
기 때문에, 건조에는 매우 강하다.

자주 옮겨심지 않으면
알뿌리가 비대해져,
플라스틱 화분이 갈라
질 수도 있다.

'레이븐'
유통명 **블랙금전수**

Z. 'Raven'
① 15~60cm(3~6호)
② 8~35℃ ③ ★☆☆☆☆

두툼하고 검은빛을 띠며 광택이
있는 잎이 특징이다. 생육은 느리
고, 새잎은 녹색이지만 잎이 단단
해지면 검게 변한다. 새잎이 나오
는 모습을 관찰하면 재미있다.

아로이드 종류 재배 Tips&Info

잎의 아름다움을 유지하는 재배 장소, 물주기

● 직상광선이 닿지 않는 밝은 실내에서 키운다. 생육기에는 실외의 바람이 잘 통하는 밝은 그늘에서도 키울 수 있다. 열대우림 속 지면에 자생하는 종류가 많고, 각각의 성질에 따라 필요하면 차광막 등으로 빛을 차단한다. 겨울철에는 햇빛이 잘 드는 창가에 두고 최저 온도 12℃ 이상을 유지한다.

● 5~10월에는 흙 표면이 마르면 물을 듬뿍 준다. 11~4월에는 실내에서 최저 온도가 12℃ 이하로 내려가면 물 주는 횟수를 줄이고(4호 화분의 경우, 1주일에 1번 이하), 양도 겉흙이 젖을 정도로만 준다. 습도는 1년 내내 50% 이상을 유지하고, 잎에도 분무기로 물을 충분히 뿌려준다.

← 포기 위에서 물을 준다

흙에 직접 물을 줄 뿐 아니라, 가끔은 포기 위에서 물을 주는 것이 좋다. 잎이나 포기 전체에 샤워기로 5~10초 정도 물을 뿌려주면, 잎이 촉촉해지고 먼지가 씻겨 내려간다. 수압이 강하지 않게 적당히 조절한다.

잎에 물을 듬뿍 준다 →

분무기로 잎에서 물방울이 떨어질 정도로 물을 듬뿍 뿌려준다. 그런 다음 바람이 잘 통하는 곳에 두고 2~3시간 안에 말린다. 12℃ 이하에서 잎에 물이 남아 있으면, 검은 얼룩이 생길 수 있으므로 주의한다.

> 잎 뒤쪽이나 줄기 등에도 꼼꼼히 뿌려준다.

공기뿌리로 포기를 크게 키운다

● 공기뿌리는 줄기 중간에서 뻗어 나와 공기 속에 노출되어 있는 뿌리로, 습도가 높으면 잘 생긴다. 분무기 등으로 물을 주고 길게 키워서, 흙으로 유인하여 뿌리를 내리게 하면 생육에 도움이 된다. 또한, 공기뿌리에 액체비료를 주면 새잎이 크게 자란다. 공기뿌리가 연출하는 야성적인 포기의 모습도 즐길 수 있다 (p.14~15, 151).

● 적기/4월 상순~10월 하순(실온 15℃ 이상을 유지할 수 있으면 겨울에도 가능)

공기뿌리가 나오기 시작하면

가습기로 습도를 높이거나 분무기로 물을 뿌려 밑동의 습도를 높여 공기뿌리가 자라게 한 뒤, 화분 안에 들어가도록 유도한다.

중간에서 뻗어 나온 공기뿌리는

페트병 등에 물을 넣고 공기뿌리를 유도한다. 뿌리를 물에 담그면 뿌리가 힘차게 자란다. 액체비료를 조금 넣어주면 더 잘 자란다.

끝부분을 화분에 심는다

공기뿌리가 화분에 닿을 정도로 자라면 흙속에 심는다. 물에 담가서 키운 공기뿌리를 밖에 계속 두면, 말라비틀어지므로 주의한다.

안스리움 옮겨심기

● 안스리움뿐 아니라 아로이드 종류는 1~2년에 1번 옮겨심는 것이 기본이다. 판매하는 포기는 유기질 용토에 심은 것이 많고, 생육 기간을 생각하면 심고 나서 어느 정도 시간이 흘렀을 것이므로, 1년 이내에 옮겨심는다.

● 포기를 화분에서 꺼내 물로 씻어낸 뒤 옮겨심는다. 새끼 포기가 많으면 포기를 솎아낸(p.82) 뒤, 각각 옮겨심는다(포기나누기). 새로운 흙에 뿌리를 내리면 포기가 리프레시되어 계속 잘 자란다.

● 적기/5월 상순~7월 상순, 9월 중순~10월 하순(실온 15℃ 이상을 유지할 수 있으면 겨울에도 가능)

뿌리와 흙을 보고 옮겨심기를 판단

구입한지 얼마 되지 않은 포기나 생육이 느려진 포기는, 화분에서 꺼내 뿌리와 흙의 상태를 확인해보자.

뿌리가 거무스름하게 변하여 썩고 있다.

옮겨심는다
흙이 검은 부분이 많고 뿌리가 갈색에서 짙은 갈색으로 변하여 썩고 있다. 손상된 부분을 제거하고 옮겨심는다.

옮겨심을 필요 없다
뿌리가 하얗고 가늘게 갈라져 있으며 싱싱하다. 그대로 화분에 다시 넣고 키우면 된다.

❶ 묵은 흙 제거
화분 옆면을 살살 문질러서 화분에 달라붙은 뿌리를 떼어내고 뿌리분을 꺼낸다. 묵은 흙을 제거하고 뿌리를 조심스럽게 물로 씻는다. 손상된 부분은 잘라내고, 절단면을 5~10분 동안 물에 담가 불순물을 제거한다.

밑동의 시든 잎 같은 꼬투리 부분(엽초)은 제거한다

아랫잎

❷ 아랫잎과 뿌리를 정리
잎은 3~4장 남긴다(위에서부터 3장 정도 남아 있으면 꽃눈이 형성된다). 오래된 아랫잎은 증산을 억제하기 위해 밑동에서 제거한다. 화분에 담기지 않는 긴 뿌리는 가위로 자른다.

❸ 새로운 용토에 심기
4호 포트에 밑동이 보이지 않을 때까지 용토를 넣고 심는다. 비료성분이 없는 무기질 용토에 심는 것이 좋다.

그런 다음 '화분 밀폐'로 보습
물을 듬뿍 준 뒤 30분 정도 지나 물이 빠지면, 화분과 겉흙을 비닐봉지로 감싸는 '화분 밀폐'를 한다(p.141).

Column

시든 꽃 따기는 열매를 맺었을 때만

육수꽃차례가 울퉁불퉁해지면 열매를 맺었다는 표시이다. 다음에 또 꽃을 피우려면 꽃줄기 아랫부분에서 자른다. 씨앗을 채취하려면 열매가 익을 때까지 기다린다. 과육을 제거하고 물로 씻은 뒤 씨앗을 심는다.

불염포

육수꽃차례

꽃줄기

T.Sugiyama

안스리움 포기 갱신

● 오래 재배했거나 추운 곳 또는 어두운 환경에서 키운 경우, 새끼 포기가 많이 나와서 양분이 분산되기 때문에 꽃이 피지 않을 수 있다. 또한, 최근 새로 나오는 품종은 생육이 왕성하여 새끼 포기가 잘 생기는 경향이 있다.

● 꽃이 피지 않는 경우에는 새끼 포기를 솎아내거나(포기나누기) 순따기를 하여 포기 1~2개를 남겨서, 밑동에 빛을 공급하여 체력을 비축하고 개화를 촉진시킨다.

● 적기/5월 상순~7월 상순, 9월 중순~10월 하순(실온 15℃ 이상을 유지할 수 있으면 겨울에도 가능)

1년 이상 지나면 이런 포기가 되기 쉽다

생장점이 많아져 새끼 포기가 늘어나면, 양분 쟁탈전이 벌어져 꽃이나 잎이 작아진다. 밑동에 빛이 충분히 공급되지 않아, 꽃눈이 잘 생기지 않는다.

꽃이 피지 않는다!

포기 모양이 흐트러진다.

시든 불염포

아랫잎이 누렇다.

밑동이 어둡다.

순따기

Column

이미 길게 자란 싹 외에 밑동에서 싹이 자라면, 손이나 칼로 잘라낸다. 방치하면 새끼 포기가 더 많아진다.

싹은 끝부분이 뾰족하고 위를 향한다.

뿌리는 끝부분이 둥그스름하고 옆이나 아래를 향한다.

밑동에서 자란 싹

포기를 갱신하려면 새끼 포기를 솎아낸다

새끼 포기를 밑동에서 가위로 잘라내고 원래의 어미 포기만 남긴다. 생육기 초반인 5월에 하는 것이 가장 좋다.

어미 포기에서 새끼 포기를 가위로 잘라낸다.

❶ 새끼 포기를 잘라낸다

포기 수를 확인한다. 밑동을 벌리니, 중심에 있는 어미 포기에서 4개의 새끼 포기가 나와 있다.

❷ 뿌리째 뽑아낸다

새끼 포기가 뿌리를 내렸을 경우, 뿌리가 잘리지 않도록 뽑아낸다. 새끼 포기를 심으면 포기를 번식시킬 수 있다.

❸ 정리를 마친 포기

새끼 포기를 모두 정리하여 깔끔해졌다. 밑동에도 빛이 잘 닿기 때문에, 꽃눈분화가 촉진되어 꽃이 잘 피게 된다.

필로덴드론
포기 갱신

● 오랫동안 옮겨심지 않으면 줄기가 목질화하고, 기울어서 비틀린 것처럼 자랄 수 있다. 갱신하면 튼튼한 포기 모양을 즐길 수 있다. 시기는 5월 상순 무렵부터가 적당하다. 생육이 활발해지는 시기로 꺾꽂이가 잘 된다.
● 또한, 필로덴드론을 포함한 아로이드 종류를 자르면 불순물이 나오는데, 옷에 묻으면 얼룩이 생긴다. 작업복을 입고 작업해야 한다.

● 적기/5월 상순~7월 상순, 9월 상순~10월 하순(실온 15℃ 이상을 유지할 수 있으면 겨울에도 가능)
　예)필로덴드론 '핑크 프린세스'

순지르기와 꺾꽂이로
포기 갱신

길게 자란 줄기를 짧게 잘라 꺾꽂이해서, 새로운 포기로 갱신시킨다. 순지르기한 포기에서도 싹이 나와 다시 새롭게 키울 수 있다.

Before

❶ 모양이 흐트러진 포기

잎은 자랐지만 오랫동안 옮겨심지 않아서, 줄기가 화분에서 삐져나와 모양이 많이 흐트러졌다.

❸ 절단면을 말린다

잎이 없는 줄기 부분도 꺾꽂이모로 사용할 수 있다. 절단면을 물에 담가서 5~10분 정도 불순물을 제거한다. 그런 다음 30분~1시간 정도 반그늘에서 절단면을 말린다.

> 공기뿌리가 화분에 들어가는 길이라면 자르지 않는다.

> 익숙해질 때까지는 꺾꽂이모를, 2~3마디 정도로 길게 만드는 것이 좋다.

❷ 꺾꽂이모를 만든다

줄기를 가위로 길이 10~20㎝ 정도로 자른다. 1마디도 가능하지만(잎과 잎 사이가 1마디), 2~3마디 정도 있어야 줄기에 힘이 생겨 쉽게 뿌리가 나온다. 절단면은 칼로 정리한다.

> 비료성분이 없는 무기질 용토에 심는다.

> 잎 아랫부분이 흙 위로 나오게 꽂는다.

원래의 화분.
남은 줄기에서도 싹이 나온다.

❹ 꺾꽂이모를 꽂는다

꺾꽂이모는 공기뿌리가 들어가는 크기의 화분에 심는다. 1마디인 경우에는 모종 트레이(1칸이 가로세로로 3㎝)나 1~2호 화분에 심는다.

After

❺ 전체 밀폐로 발근을 촉진시킨다

물을 준 뒤 물기를 없애고, 비닐봉지로 포기 전체를 밀폐하여 습도를 일정하게 유지한다(p.141). 밝은 실내에서 관리하고, 밀폐는 2주~1달 정도가 기준이다.

브로멜리아드

브로멜리아드(Bromeliad)는 파인애플과(아나나스과) 식물을 통틀어 부르는 이름으로, 약 1,400종이 알려져 있다. 원예품종이 다양하고 모양, 색 모두 개성적인 것이 많다. 튼튼한 식물로 밝은 곳을 좋아하지만, 대부분 실내에서 키울 수 있다. 개성을 한층 더 부각시킬 수 있는 재배방법도 소개한다.

틸란드시아
유통명 에어플랜트

Tillandsia

플로리다, 멕시코, 과테말라, 브라질 등에 670종 정도가 분포한다. 열대우림을 비롯하여 열대 고지대나 사막에도 자생하며, 나무나 암벽에 착생한다. 크기는 소형부터 대형까지 있고, 잎색은 은엽종과 녹엽종이 있는데, 대부분 트리콤*으로 덮여 있다. 착생시키면 특유의 강인함이 돋보인다. 구하기도 쉬워서 초보자용으로 적합하다.

> 액체비료를 포기 전체에 뿌려주면, 1년 만에 크기가 2배 이상 커진다.

우스네오이데스
유통명 수염틸란드시아

T. usneoides
① 30~100cm
② 5~33℃ ③ ★★☆☆☆

잎은 가늘고 포기끼리 연결되어 다발을 이룬다. 샤워기 등으로 물을 충분히 주고, 물을 준 뒤 2~3시간 지나면 마르는 환경에서 관리하여 짓무르지 않게 한다. 서리를 맞지 않으면 실외에서 겨울을 날 수 있다.

베르게리

T. bergeri
① 15~30cm
② 3~33℃ ③ ★☆☆☆☆

줄기가 있으며, 잎은 가늘고 단단하다. 생육은 느리며, 건조와 저온에 잘 견디고 튼튼하다. 밀집하여 습기와 열기가 차면 아랫잎이 시든다. 군생시키려면 포기를 아래쪽을 향하게 매달아서 새끼 포기가 자라게 하고, 정기적으로 비료를 준다.

아이란토스 '미니아타'
유통명 애란토스

T. aeranthos 'Miniata'
① 5~20cm
② 3~30℃ ③ ★☆☆☆☆

잎은 가늘고 단단하다. 꽃이 피지 않고 새끼 포기가 많이 생겨서, 최대 지름 25cm 정도의 군생 포기가 된다. 어두운 환경에서는 새끼 포기가 잘 나오지 않고, 밑동이 웃자라서 약해지기 때문에, 군생 포기가 갈라지므로 주의한다.

* 트리콤: 솜털 모양의 가느다란 털. 모상돌기라고도 한다.

스트렙토필라

T. streptophylla
① 10~30cm
② 8~30℃　③ ★★☆☆☆

밑동이 두꺼운 항아리 모양으로, 자생지에서는 그 안에 개미가 서식한다. 비료를 많이 주면 거대해진다. 잎은 건조한 환경에서는 동그랗게 말리고, 습도가 높고 물이 많으면 부드럽게 펴진다. 개화기에는 꽃차례가 여러 개로 나뉘고, 꽃은 수개월 동안 핀다.

브라키카울로스

T. brachycaulos
① 5~30cm
② 8~35℃　③ ★☆☆☆☆

녹색 잎으로 폭이 넓은 것부터 가느다란 것까지 있다. 50% 차광이 이상적이다. 봄부터 초여름에 튼튼하게 잘 키우면, 포기 전체가 새빨개지며 꽃이 핀다. 꽃이 핀 뒤에는 색이 원래대로 돌아오고, 새끼 포기가 생긴다.

하리시이

T. harrisii
① 5~40cm
② 8~35℃　③ ★★☆☆☆

잎은 폭이 넓고 흰빛을 띤다. 생육은 느리다. 어두우면 트리콤이 얇아지고, 빛이 강하면 흰색이 유지된다. 꽃이 필 때 꽃차례는 노란색에서 붉은색으로 변하여 아름답다.

불보사

T. bulbosa
① 5~20cm
② 10~30℃　③ ★★★☆☆

보급종. 항아리 모양으로 잎이 가늘고 구불거린다. 소형~중형이 있으며, 성장과 휴면을 반복한다. 여름철 고온과 겨울철 저온에서 묵은 잎이 상하기 쉽다. 60% 차광으로 습도를 높게 유지한다.

푸크시이 그라킬리스

T. fuchsii f. *gracilis*
① 5~10cm
② 5~30℃　③ ★★★☆☆

바늘처럼 가느다란 잎이 특징이다. 소형종으로 최대 10cm 정도까지 자라며, 성장과 휴면을 반복한다. 추위에는 강하지만 더위에는 약해서, 여름철에는 차광막을 설치하고 바람이 잘 통하게 해준다.

카푸트 메두사이

T. caput-medusae
① 5~30cm
② 5~35℃　③ ★☆☆☆☆

항아리 모양으로 잎은 두껍고 구불거린다. 생육이 빨라서 정기적으로 비료를 주면 곧 뿌리가 나온다. 지나치게 건조하면 잎이 동그랗게 말린다. 잎 상태를 알기 쉬워서 초보자용으로 적합하다.

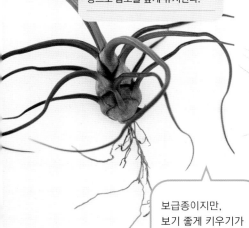

보급종이지만, 보기 좋게 키우기가 생각보다 어렵다.

텍토룸

T. tectorum
① 5~40cm
② 8~35℃ ③ ★★★☆☆

잎은 가늘고 긴 트리콤으로 덮여 있다. 소형부터 대형까지 있으며, 생육은 느리고 성장과 휴면을 반복한다. 물을 주고 1~2시간 정도 지나면 마르는 환경을 좋아한다. 어두우면 트리콤이 떨어져서 적어진다.

가르드네리 루피콜라

T. gardneri var. *rupicola*
① 5~30cm
② 8~30℃ ③ ★★★☆☆

잎은 두껍고 흰빛이 두드러지며 아담하다. 생육은 느리고 봄가을에 성장한다. 자생지에서는 암벽에 착생한다. 뿌리는 두껍고 개체 수는 잘 늘지 않는데, 비료를 주고 시든 아랫잎을 제거하면 뿌리가 잘 나온다.

네글렉타 '루브라'

T. neglecta 'Rubra'
① 3~15cm
② 5~35℃ ③ ★☆☆☆☆

잎은 짧고 단단하다. 빛이 강하면 적갈색으로 변하고, 비료를 지나치게 많이 주거나 빛을 60% 이상 차광하면 칙칙한 녹색으로 변하기 때문에, 밝기의 척도가 된다. 꽃이 피지 않고 밑동에서 새끼 포기가 자라기도 한다.

크세로그라피카

유통명 제로그라피카

T. xerographica
① 15~60cm
② 5~35℃ ③ ★★☆☆☆

물을 듬뿍 주면 잎이 동그랗게 말리지 않고 부드럽게 자란다. 초여름부터 여름에 걸쳐 자라고, 바람이 잘 통하는 곳에서 잎 사이의 탱크에 물을 채워서 키우면 거대해진다. 비료는 정기적으로 준다.

관록미 물씬! 그야말로 에어플랜트의 최고봉이다.

이오난타 '푸에고'

T. ionantha 'Fuego'
① 3~10cm
② 5~35℃ ③ ★★☆☆☆

가느다란 잎이 몇 겹씩 포개져 있다. 품종명은 불꽃이라는 의미로, 성숙하면 가을부터 포기가 붉게 물들며 꽃이 핀다. 추워지면 붉은 빛이 짙어지고, 꽃이 핀 뒤에도 강한 빛을 받으면 붉은색이 오래 간다. 생육은 빨라서 1년이 지나면 2배 이상 커진다.

새끼 포기가 잘 생기고, 가을부터 12월에 붉은색으로 물들기 때문에, 크리스마스 리스로 활용해도 좋다.

에디티아이

유통명 에디티에

T. edithiae
① 5~20cm
② 5~35℃ ③ ★★☆☆☆

줄기가 위로 자라며, 잎은 짧고 두껍다. 새끼 포기가 잘 생기며, 생육은 느려서 튼튼한 포기로 자라는 데 3년 이상 걸린다. 새빨간 꽃이 피며, 건습을 반복하고 강한 빛을 받으면 야담하고 튼튼해진다. 비료를 충분히 줘야 한다.

스트릭타

T. stricta
① 5~20cm
② 5~35℃ ③ ★★☆☆☆

가느다란 잎이 퍼지면서 자란다. 품종이 다양해서 단단한 잎이나 연한 잎 외에, 녹색 잎이나 트리콤이 많은 종류도 있다. 꽃은 겨울에 많이 피지만 여름에도 피며, 생육이 빠르고 내한성이 강하다. 연한 잎은 건조와 지나친 습기를 주의해야 한다.

네오레겔리아

Neoregelia

브라질을 중심으로 남미에 110종 정도가 분포한다. 잎에 물을 저장하는 탱크 브로멜리아드 종류이다. 포기 가운데에 물을 저장하고, 수면에서 꽃잎이 나오면서 꽃이 핀다. 나무에 착생하여 잎을 펼치면서 군생한다. 햇빛이 잘 드는 환경을 특히 좋아하여, 빛이 적으면 원래의 색이 잘 나오지 않는다. 원예품종은 4,000종이 넘고, 무늬가 있는 품종이나 복잡하게 색이 배합된 품종도 많다.

'리틀 페이스'

N. 'Little Faith'
① 10~30cm(2~5호)
② 8~35℃ ③ ★★☆☆☆

지름 10cm 정도로 잎이 몇 겹씩 포개져 있다. 생육이 빠르고, 잎 수를 늘리려면 뿌리를 튼튼하게 키우는 것이 중요하다. 구입한 뒤 빛을 충분히 쬐어주지 않으면, 가운데에 있는 잎이 자라서 모양이 망가지므로 주의한다.

파우키플로라

N. pauciflora
① 10~15cm(2~8호)
② 5~35℃ ③ ★☆☆☆☆

높이 10cm 정도의 원통 모양으로 자라는 소형종. 검은 반점은 빛이 강하면 더 검어진다. 생육이 왕성하여 비료를 주면서 키우면, 3년 정도 뒤에 군생한다. 내한성도 강해서 늦가을까지 실외에서 재배 가능하다.

펜둘라

N. pendula
(*Hylaeaicum pendulum*)
① 10~20cm(2~5호)
② 5~35℃ ③ ★★★☆☆

항아리 모양으로 잎에는 강한 톱니(가시)가 있다. 기는줄기를 길게 뻗어 공간을 확장하며 자란다. 생육은 느리고, 잎의 중심이 붉어지며 하얀 꽃을 피운다. 최근 힐라이아이쿰(*Hylaeaicum*)속으로 변경되었다.

강한 빛이 있는 환경에서 건조를 반복하면, 잎이 짧아지고 더 둥글어진다.

'트레드 마크스'

N. 'Tread Marks'
① 10~30cm(2~4호)
② 8~35℃ ③ ★★☆☆☆

소형으로 갈색과 녹색이 대비를 이루는 잎이 아름답다. 잎이 오래되면 잎색이 짙어진다. 빛을 충분히 공급하여 선명한 빛깔의 잎을 만들어보자.

'알레아'

N. 'Alaea'
① 15~30cm(2~4호)
② 8~35℃ ③ ★★☆☆☆

중형으로 아담하고 단단하게 키우면, 하얀 무늬가 있는 잎에 붉은 반점이 복잡하게 생긴다. 생육은 느리며, 잎의 틈새 등을 잘 살펴서 깍지벌레에 대비해야 한다.

'홉 스카치'

N. 'Hop Scotch'
① 10~30cm(2~4호)
② 8~35℃ ③ ★★☆☆☆

가운데에 무늬가 있는 잎에 불규칙한 붉은 반점이 있다. 소형으로 생육은 느리며, 새끼 포기도 잘 생기지 않는다. 빛이 강하면 붉은 기가 짙어진다.

봄가을에 특히 아름다운 색이 나타난다. 천천히 아담하고 튼튼하게 키워보자.

'캣츠 미아우'

N. 'Cat's Meow'
① 30~60cm(3~6호)
② 8~35℃ ③ ★★☆☆☆

대형으로 폭이 넓고 단단한 잎에 얼룩무늬가 있다. 생육은 매우 느리며, 빛이 강하면 검은색이 진해진다. 작은 화분으로 뿌리의 영역을 제한하여 아담하게 키워 보자.

'루비 파고다'

N. 'Ruby Pagoda'
① 30~60cm(3~6호)
② 8~35℃ ③ ★★☆☆☆

적갈색 바탕에 불규칙한 녹색 반점이 있다. 중형~대형이 있고, 잎 수가 많으며, 생육이 왕성하다. 오래되면 잎색이 짙어지고 잎이 바깥쪽으로 말린다. 작은 화분으로 아담하게 키워 보자.

'메두사'

N. 'Medusa'
① 20~50cm(3~6호)
② 8~35℃ ③ ★★☆☆☆

중형으로 잎 가장자리에는 톱니가 없다. 잎너비가 넓고, 생육은 왕성하며, 잎 수가 특히 많다. 중심 부분이 붉게 물드는데, 빛이 강하면 녹색은 사라지고 붉은색만 남는다.

흰색이 많은 포기에 꽃이 핀 모습은, 시간 가는 줄 모르고 바라볼 정도로 아름답다.

'카사블랑카'

B. 'Casablanca'
① 20~30cm(2~4호)
② 5~30℃ ③ ★★☆☆☆

위로 퍼지는 원통 모양의 잎에 수많은 점이 있다. 잎은 부드럽고 톱니가 작아서 다루기 쉽다. 생육이 빠르고 새끼 포기도 잘 나오며, 빛이 강하면 점이 많아져서 하얗게 보인다.

빌베르기아

Billbergia

브라질을 중심으로 남미에 60종 정도가 분포한다. 탱크 브로멜리아드 종류로 나무에 착생한다. 꽃턱잎(화포)이 포기 크기에 비해 커서 눈에 잘 띈다. 잎은 원통 모양으로 자라고 톱니가 있다. 햇빛이 잘 드는 환경을 특히 좋아하며, 빛이 부족하면 원래의 잎 무늬나 색이 잘 나오지 않는다. 원예품종이 400종이 넘고 색감이 화사한 품종이 많다.

'브라보'

B. 'Bravo'
① 10~20cm(2~4호)
② 5~30℃ ③ ★★☆☆☆

가는 원통 모양으로 커다란 점이 많이 생긴다. 소형으로 생육은 느리고 톱니는 짧다. 아담하고 튼튼하게 키우면 띠(가로줄 무늬)가 선명하게 드러난다. 아담하게 키워서 군생시켜 보자.

'스모크 스택'

B. 'Smoke Stack'
① 20~50cm(2~4호)
② 5~30℃ ③ ★★☆☆☆

위쪽이 살짝 벌어진 원통 모양으로, 띠가 선명하게 보인다. 강한 빛을 받으면 점이 생기며, 단단한 톱니를 만지면 피부에 염증이 생길 수 있으므로 주의한다. 최대 50cm가 넘는 것도 있다.

퀘스넬리아

Quesnelia

브라질에 25종 정도가 분포한다. 탱크 브로멜리아드 종류. 얼핏 보면 애크메아처럼 보이지만, 꽃의 구조가 다르고 보라색이나 파란색 꽃이 피는 경우가 많다. 지나치게 습기가 많으면 뿌리가 잘 자라지 않는다. 충분히 건조시키고 건습을 반복하며 키워야 한다. 바람이 잘 통하게 하는 것도 중요하다. 원예품종은 적다.

'블랙 아이스'(씨모)

A. chantinii 'Black Ice' × sib
① 20~30cm(3~6호)
② 5~35℃ ③ ★★☆☆☆

잎 가장자리의 가시가 눈에 띈다. 회색빛이 감도는 잎에 검은색을 띤 줄무늬가 있다. 씨모(실생묘)는 어미 포기와 비슷하지만, 가끔 줄무늬가 적거나, 붉은빛을 띠거나, 색이 짙은 개성파 포기가 나오는 경우도 있다.

애크메아

Aechmea

중남미를 중심으로 300종 정도가 분포한다. 탱크 브로멜리아드 종류로, 다양한 모양이 매력이다. 잎이 단단하여 탱크에 물을 많이 저장할 수 있다. 원종은 제꽃가루받이를 하는 것이 많고, 씨앗은 새 등을 통하여 운반된다. 원예품종은 400종이 넘는다.

'팀 플라우맨'

Q. 'Tim Plowman'
① 20~50cm(2~5호)
② 5~35℃ ③ ★★☆☆☆

잎은 단단하고 옅은 녹색 바탕에 짙은 녹색 무늬가 있다. 물이나 비료를 조금 적게 주고 재배하면, 단단한 잎 끝부분이 둥글게 말린다. 빛이 강하면 포기 전체가 하얗게 변한다.

칸티니이 '야마모토'

A. chantinii 'Yamamoto'
① 30~40cm(3~6호)
② 5~35℃ ③ ★★☆☆☆

대형으로 잎은 단단하고 강하다. 잎 바깥쪽에는 흰색 띠가 있고, 안쪽 가운데에는 노란색 무늬가 있다. 생육은 느리고 추위에는 비교적 강하다. 꽃이 피면 멋진 꽃차례를 즐길 수 있다.

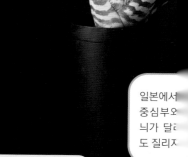

일본에서
중심부오
늬가 달
도 질리ㅈ

브리에세아

Vriesea

남미를 중심으로 260종 정도
가 분포한다. 탱크 브로멜리아
드 종류로, 숲속의 지면이나 바
위가 많은 곳 등에서 땅에 뿌리
를 내리고 자라는 지생종이 많
지만 착생종도 있다. 키는 포기
의 지름과 같거나 그 이상이며,
가늘고 긴 꽃턱잎이 위로 선다.
잎은 얇지만 톱니가 없고 무늬
가 아름다워서, 교배가 활발히
이루어지고 있다. 원예품종이
많이 있다.

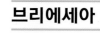

'레드 체스트넛'

V. fosteriana 'Red Chestnut'
① 15~80cm(3~8호)
② 8~35℃ ③ ★★☆☆☆
로제트 모양으로 잎이 나온다. 새
잎은 흰색이나 적갈색 무늬가 있
으며, 어린 모종일 때 아랫잎을
따면 밑동까지 빛이 닿아 새끼 포
기가 자라고 꽃이 잘 핀다.

호헨베르기아

Hohenbergia

브라질을 중심으로 50종 정도
가 분포한다. 탱크 브로멜리아
드 종류이며, 지생종으로 숲속
의 지면이나 바위 틈 등에 자생
한다. 긴 꽃줄기가 자라고, 꽃은
몇 개월 동안 계속 핀다. 커지기
쉬우므로 무기질 용토에서 아
담하고 튼튼하게 키운다. 원예
품종이 몇 종류 있다.

펜나이× sp. 브라질

H. pennae×H. sp. Brazil
①30~50cm(2~6호)
②8~35℃ ③★★☆☆☆
아랫부분이 항아리 모양으로 부
풀어 오르는 펜나이와 커다란 톱
니를 가진 브라질산 개체를 교배
시켜 만든 품종이다. 펜나이의 모
습과 꽃가루를 제공한 부모 포기
의 색이 잘 어우러진 교배종.

구즈마니아

Guzmania

남미에 220종 정도가 분포한
다. 탱크 브로멜리아드 종류로,
잎에 톱니가 없고 부드럽다. 착
생종과 지생종이 모두 있으며,
잎은 로제트 모양으로 퍼지는
데 빛이 적으면 지나치게 자란
다. 성숙하면 포기 중심에서 꽃
턱잎이 자라서, 자생지에서는
가끔씩 해가 비치는 숲속의 지
면 틈새에서 얼굴을 내밀고 꽃
을 피운다. 원예품종은 300종
이상 있고, 유럽에서 수입된 포
기가 많이 유통된다.

꽃이 핀 뒤에 자라는
새끼 포기를 나눠서
키우면, 2~3년 만에
꽃을 피운다.

구즈마니아 원예품종

Guzmania cv.
①5~20cm(3~8호)
②8~35℃ ③★★☆☆☆
가늘고 긴 잎이 크게 벌어지고,
성숙하면 꽃이 핀다. 붉은색, 핑
크색, 노란색, 오렌지색, 흰색 등
의 꽃턱잎이 있는 품종이 유통되
고 있다. 꽃이 필 때 어두운 곳에
두면 색이 바랜다. 가능한 한 밝
은 곳에서 키운다.

오르토피툼

Orthophytum

브라질을 중심으로 60종 정도가 분포한다. 잎은 로제트 모양으로 퍼지고 가장자리에 톱니가 있다. 소형부터 대형까지 있고, 꽃줄기가 위로 선다. 생육이 왕성하여 유기질 용토에서 키우면 웃자랄 수 있다. 건조에는 매우 강하여 아랫잎이나 잎이 말라도 잘 견딘다. 원예품종은 적다.

디키아

Dyckia

브라질을 중심으로 남미에 180종 정도가 분포한다. 잎은 로제트 모양으로 퍼지고 톱니가 있으며, 바위 틈새 등에 자생한다. 뿌리가 튼튼해서 건조나 고온에도 잘 견딘다. 비료를 주면 잎이 지나치게 자라서 모양이 흐트러지므로, 얕은 화분에 무기질 용토를 넣고 키워서 아담하고 튼튼하게 만든다. 원예품종은 100종 이상.

> 군생하기 쉬우며, 톱니위로 떨어진 낙엽에서 양분을 흡수하여 자란다.

'즈고크'

D. 'Z'gok'
① 20~30㎝(3~8호)
② 5~35℃　③★★☆☆☆

하얀 갈퀴 모양의 톱니가 특징이다. 잎너비가 넓고, 잎의 어두운 색과 톱니의 하얀 색이 대비를 이루어 아름답다. 톱니가 매우 단단하므로, 포기를 나누거나 옮겨심을 때 주의한다.

네오피툼

× *Neophytum*

네오레겔리아와 오르토피툼을 속간 교배한 것. '파이어크래커'의 한쪽 부모는 예전에는 오르토피툼으로 분류되었던 싱코라이아 나비오이데스(*Sincoraea navioides*)이다.

구르케니이

O. gurkenii
① 5~60㎝(2~8호)
② 5~35℃　③★☆☆☆☆

갈색 잎에 줄무늬가 있으며 톱니가 억세다. 꽃줄기를 뻗어 녹색의 이삭 모양 부분(꽃턱잎)에서 하얀 꽃을 피운다. 제꽃가루받이를 해서 씨앗을 얻을 수 있다. 꽃줄기를 방치하면 새끼 포기가 생긴다.

'파이어크래커'

× *N. 'Firecracker'*
① 5~30㎝(2~5호)
② 5~35℃　③★★☆☆☆

빛이 강한 환경에서는 반질반질한 잎에 붉은 기가 두드러진다. 꽃이 핀 뒤 생기는 새끼 포기를 키워서 꽃을 피우면 보기 좋다. 생육은 빠르고, 어두우면 색이 잘 나지 않는다. 빛이 강하고 습도가 높아야 잘 자란다.

브로멜리아드 재배 Tips&Info

재배 장소
빛과 통풍이 중요한 포인트

● 밝고 바람이 잘 통하는 장소에서 키운다. 4~10월에는 실외의 해가 잘 비치는 곳에서 재배할 수 있지만, 실내에 있던 화분을 갑자기 실외로 옮겨서 직사광선에 노출시키면 잎이 탈 수 있으므로, 2주 정도 시간을 두고 밝은 그늘에서 서서히 순화시킨다. 또한, 햇빛이 강한 7~8월에는 30~50% 정도 차광이 필요하다.

탱크 브로멜리아드를 이상적인 모습으로 키우기

같은 품종이라도 재배 환경에 따라 크기나 색이 달라진다. 품종의 개성을 살리려면 빛을 확보하고 바람에 노출시켜, 포기를 아담하고 튼튼하게 키우면서 재배 환경을 조절해야 한다.
예)빌베르기아 '도밍고스 마르틴스'.

목표로 하는 포기 모습
아담하고 튼튼해서, 잎 색이 선명하며 무늬도 뚜렷하다. 밝은 장소에서 키우고 물과 비료는 적게 준다.

색이 약한 포기
물이나 비료를 적게 주어도, 빛이 약하면 잎이 녹색으로 변하고, 반점도 희미해진다. 밝은 장소에서 키우거나 빛을 보충한다.

웃자란 포기
어두운 장소에서 물과 비료를 많이 주고 키우면, 웃자라서 잎이 녹색으로 변한다. 무늬도 거의 보이지 않는다. 새끼 포기가 자라기를 기다려서 갱신시킨다.

매달아서 키우면 포기 모양이 정리된다

1mm 두께의 알루미늄 철사를 150cm 길이로 자르고, 3겹으로 접어 양끝을 꼬아서 고정한 뒤, 그 사이에 화분을 넣으면 간단하게 행잉 화분을 만들 수 있다. 빛도 바람도 잘 통하여 포기 모양이 아담하고 튼튼하게 정리된다.

꼬아준다.

알루미늄 철사 위로 케이블 타이 등을 감아서 고정시킨다.

꼬아준다.

알루미늄 철사를 감는다.

탱크 브로멜리아드(위)나 틸란드시아(아래)의 착생종은 두께 1mm 알루미늄 철사를 이용하여 (없으면 스타킹을 잘라서 사용해도 좋다), 유목(流木)이나 코르크에 고정시켜 매달아도 좋다.

추워지면

최저 기온이 10℃ 아래로 내려가기 전에 실내의 밝은 창가로 옮긴다. 실내에서는 웃자라기 쉬우므로 필요에 따라 빛을 보충한다(p.129). 포기의 방향을 돌리면서 빛을 잘 받게 하면 포기 모양이나 잎색과 모양 등이 좋아진다.

웃자라면 새끼 포기로 갱신

웃자란 포기는 밝은 곳에 매달아 재배하면, 새끼 포기가 아담하고 튼튼하게 자란다. 어미 포기의 반 정도 크기로 자라면 새끼 포기를 나누어서 갱신한다.

새끼 포기는 아담하다.

웃자란 어미 포기.

빛을 받는 정도에 따라 발색이 달라진다

틸란드시아는 꽃이 피는 시기에 일조량이 계속 부족하면, 원래의 색이 나타나지 않을 수도 있다(오른쪽). 적당히 빛을 공급하면 위쪽의 잎이 산뜻하게 물든다(왼쪽).
예)이오난타

T.Sugiyama

물주기
종류에 맞는 방법으로 준다

● 4~10월의 물주기는 마르면 듬뿍 주는 것이 기본이다. 브로멜리아드는 종류에 맞게 물을 주어야 한다. 틸란드시아는 계속 젖은 상태로 있으면 짓물러서 시드는 원인이 되므로, 마른 뒤에 물을 준다. 11~3월에는 어떤 종류라도 조금 건조한 상태로 관리해야 하지만, 난방으로 실내가 건조한 경우에는 날마다 분무기로 잎에 물을 뿌려준다.

탱크 브로멜리아드는 물이 넘치도록 뿌려준다

포기 위에서 샤워기로 물을 듬뿍 뿌려 탱크에 남아 있는 물이 넘치게 함으로써, 오래된 물을 새로운 물로 갈아 준다.
예) 네오레겔리아 '메두사'

틸란드시아 소형종은 직접 물을 주는 대신, 잎에 물을 뿌려준다

빗물이나 안개처럼 분무기로 포기 전체에 부드럽게 물을 뿌려준다. 물방울이 떨어질 때까지 물을 준다.
예) 아이란토스 '미니아타'.

Column

네오레겔리아의 꽃

꽃봉오리(가운데)와 꽃(주변에 2송이)이 보인다. 성숙하면 맑은 날에 흰색이나 보라색 일일화가 차례차례 수면 위로 핀다.

우스네오이데스의 포기는 집합체

우스네오이데스는 작은 포기의 집합체이다. 독립된 포기이기 때문에 분리되어 떨어져 나가도 계속 성장한다.

디키아의 옮겨심기, 포기나누기

● 디키아는 대표적인 브로멜리아드 지생종이다. 생육이 왕성하고 쉽게 군생해서 방치하면 금세 새끼 포기가 자라는데, 커지기 전에 옮겨심기나 포기나누기를 해야 한다. 시든 잎을 남겨두면 뿌리가 잘 나오지 않으므로 반드시 제거한다.

● 적기/5월 상순~7월 상순, 9월 상순~10월 하순(실온 15℃ 이상을 유지할 수 있으면 겨울에도 가능)
예) 디키아 교배종

가시에 주의! 반드시 소가죽 장갑을 착용하고 작업한다.

❶ 옮겨심기가 필요한 포기
새끼 포기가 많이 나와 화분이 가득 찬 포기. 원래 화분에는 1포기만 남기고, 새끼 포기는 나누어서 다른 화분에 심는다.

❷ 새끼 포기는 밑동에서 나눈다
지나치게 자란 잎이나 시든 잎은 제거한다. 새끼 포기를 밑동에서 가위로 자르고, 뿌리분을 주무르듯이 풀어주면 새끼 포기를 분리할 수 있다.

❸ 새끼 포기 밑동을 깔끔하게 정리한다
정리한 뿌리의 양에 맞게 잎을 잘라서 수를 조절한다. 밑동의 시든 잎을 제거한 뒤, 밝은 그늘에서 1~2시간 말린다.

❹ 1포기씩 심는다
뿌리가 옆으로 자라므로 낮은 화분에 심는다. 흔들리지 않도록 조금 깊게 심는다. 옮겨심은 뒤 물을 듬뿍 준다.

틸란드시아의 거대화

● 틸란드시아는 소형부터 대형까지 종류가 다양하다. 저렴하고 쉽게 구할 수 있는 것은 크기 5~6cm 정도의 포기이다. 뿌리나 밑동을 물에 담근 상태로 바람이 잘 통하는 곳에 두고 정기적으로 비료를 주면, 놀랄 만큼 거대해져서 1년 정도 지나면 사람 얼굴보다 커진다. 따뜻한 지역에서는 온실이 없어도 거대하게 자란 모습을 감상할 수 있다.

● 적기/언제든지 OK(단, 1년 내내 실온 15℃ 이상을 유지해야 한다)

1년 만에 이렇게 커진다

잎너비가 넓은 종류를 고른다

가늘고 짧은 잎을 가진 소형종은 잘 커지지 않는다. 스트렙토필라(사진), 브라키카울로스, 하리시이 등을 고르는 것이 좋다. 잎너비가 넓은 포기를 고르는 것이 포인트.

> 자주 만지면 스트레스를 받아서 크게 자라지 않으므로 주의한다.

시작_
지름 약 10cm

지름 5~6cm 정도의 포기를 구입한 뒤 일반적인 방법으로 관리하면, 6개월~1년 뒤에 뿌리가 자라서 지름 10cm 정도(사진 크기)의 포기가 된다. 여기서부터 시작한다.

6개월 뒤_
지름 약 30cm

뿌리를 물에 담가서 재배한다. 온도나 바람도 고려해야 한다. 잎은 조금 벌어지지만 잎너비는 넓고, 끝부분이 동그랗게 말리며, 특징이 잘 나타난다.

1년 뒤_
지름 약 55cm

1년 만에 이렇게 거대해진다(종류에 따라 크기는 다르다). 2년이 지나면 물에서 꺼내 매달아서 재배하고, 잎을 튼튼하게 키운다.

거대화를 위한 3가지 포인트

Point 1
물에 담가서 키운다

뿌리나 밑동을 물에 담가서 키운다. 물이 완전히 없어지면 보충한다. 밑동의 잎이 계속 젖어 있으면 상하기 때문에 주의한다.

뿌리 부분을 물에 담근다.

받침 접시가 있는 행잉 화분

Point 2
액체비료와 완숙 퇴비를 준다

생육기에는 인산 성분이 많은 액체비료를 평소보다 자주 준다. 동물성 완숙 퇴비(우분 퇴비 등)도 주면 단숨에 거대해진다.

액체비료
1주일에 1번, 규정 배율의 3~5배로 희석하여 포기를 15초 정도 담그거나, 분무기로 잎 표면에 살포한다.

동물성 완숙 퇴비
1~2달에 1번 정도, 동물성 퇴비 1꼬집을 중간보다 아래쪽에 있는 잎 사이에 몇 군데 정도 넣어준다.

Point 3
공기를 항상 순환시킨다

바람이 없으면 증산이 느려져 포기가 약해지기 쉽다. 항상 서큘레이터로 공기를 순환시켜 줘야 하는데, 바람이 식물에 직접 닿지 않도록 주의한다(p.129).

양치식물, 소철, 야자나무

작은 잎사귀가 시원하게 바람에 나부끼는 모습에서 그야말로 남국의 정취가 느껴진다. 양치식물은 홀씨로 번식하는 식물, 소철은 오랜 역사를 가진 겉씨식물, 야자나무는 외떡잎식물이자 큰키나무이기도 하다. 여기서는 아담해서 집에서 키우기 쉬운 종류를 중심으로 소개한다.

아디안툼
국명 **공작고사리속**

Adiantum

봉의꼬리과. 남북 아메리카의 열대 및 아열대지역, 유럽, 아시아, 호주 등에 230종 정도 분포한다. 상록성, 반상록성, 낙엽성 양치식물이다. 숲 가장자리나 바위 틈새 등, 습기가 있고 어두운 곳을 좋아한다. 잎은 깃모양겹잎*으로, 잎줄기는 검은색이나 보라색이며 긴 편이다. 생육은 왕성하여, 여름에는 특히 물이 부족하지 않도록 주의해야 한다. 갑자기 휴면에 들어가는 경우가 있지만, 물을 계속 주면서 관리하면 다시 살아난다.

> 선반 아래 등 어두운 장소에 두고, 물을 충분히 주면서 키우면 잎이 풍성해진다.

라디아눔

A. raddianum
① 10~50cm(3~6호)
② 5~30℃ ③ ★★★☆☆
2~4회 깃모양겹잎으로 옅은 녹색이다. 뿌리줄기는 짧고 갈라진다. 생육이 왕성하여, 생육기에는 아침에 화분 받침대에 5mm 정도 물을 부어서 마르지 않게 한다. 잎은 물을 팅겨낸다. 성숙하면 잎사귀 뒤쪽에 홀씨주머니**가 생겨서 홀씨를 배양***할 수 있다.

---

* 깃모양겹잎_잎줄기 양쪽에 작은 잎(쪽잎)이 날개 모양으로 나란히 달리는 방식. ** 홀씨주머니_안쪽에 홀씨를 품은 주머니 모양의 부분.

'테디 주니어'

N. exaltata 'Teddy Junior'
① 10~60cm(3~6호)
② 5~33℃ ③ ★★☆☆☆

'보스턴 고사리(*N. exaltata*)'의 원예품종이다. 키는 20~30cm 정도로 잎이 물결처럼 구불거린다. 기는줄기가 자라기 때문에, 포기나누기로 번식시킬 수 있다. 홀씨를 배양하여 증식시킨 것도 있지만 구별하기 어렵다. 튼튼해서 키우기 쉽다.

네프롤레피스
국명 줄고사리속

Nephrolepis

줄고사리과. 전 세계 열대 및 아열대 지역에 30종 정도 분포한다. 상록성 또는 반상록성 착생 양치식물. 짧고 똑바로 선 뿌리줄기가 있으며, 성숙하면 수많은 기는줄기(포복경)가 자라나 생육 범위를 넓힌다. 잎은 깃모양겹잎이 똑바로 자라서 퍼지는 종류와, 아래로 늘어지는 종류가 있다. 흙이 마르거나 뿌리가 가득차도 잎이 조금 떨어지기만 하고 계속 자란다. 비료를 주면 크게 키울 수 있다. 원예품종이 많다.

줄고사리 원예품종

N. cordifolia cv.
① 15~60cm(2~6호)
② 5~33℃ ③ ★★☆☆☆

줄고사리(*N. cordifolia*)의 원예품종. 잎이 구불구불해서 두툼해 보이는 이 품종을, 일본에서는 셋카[石化]라고 부른다. 홀씨로 배양한 포기에서는 이처럼 특징적인 잎 모양을 볼 수 있다.

'해피 마블'

N. exaltata 'Happy Marble'
① 15~100cm(3~6호)
② 8~33℃ ③ ★★☆☆☆

잎은 길고 결각이 있으며 불규칙한 노란색 무늬가 있다. 생육이 왕성하여 생육기에 비료를 충분히 주어 잎을 길게 키우면, 멋진 모습을 볼 수 있다. 물이 부족하지 않도록 주의하고, 잎이 누렇게 변하므로 직사광선이 닿지 않게 한다.

***홀씨 배양_홀씨를 뿌려 모종을 만드는(포기를 번식시키는) 방법.

아스플레니움
(국명) 꼬리고사리속

Asplenium

꼬리고사리과. 남극대륙을 제외한 대부분의 대륙에 790종 정도 분포하는 양치식물이다. 숲속의 그늘이나 작은키나무 사이, 바위 틈새 등에 자생한다. 상록성 또는 반상록성이며, 대부분 착생식물로 기는 타입도 있다. 잎 모양은 깃모양겹잎이나 가늘고 긴 잎사귀 등으로 다양하다. 성숙하면 잎 뒤쪽에 홀씨주머니가 생긴다. 착생 타입은 잎이 벌어지며, 시든 잎으로 뿌리를 덮어서 치마 같은 독특한 포기 모양이 된다.

켄조이
(유통명) 도깨비돌담고사리

A. × kenzoi
① 15~30cm(3~5호)
② 8~33℃ ③ ★★☆☆☆

파초일엽과 숫돌담고사리의 자연교잡종. 아담하게 자란다. 잎 끝에서 기는줄기가 나와 새끼 포기를 만든다. 포기나누기로 나눌 수 있다. 습도가 높은 환경을 좋아한다.

'에메랄드 웨이브'

A. nidus 'Emerald Wave'
① 15~50cm(3~8호)
② 10~33℃ ③ ★★☆☆☆

주름진 잎사귀가 로제트 모양으로 자란다. 생육은 다른 품종에 비해 느리다. 성숙하면 주름이 깊어져서 골판지 단면 같은 잎이 된다.

'레슬리'

A. 'Leslie'
① 10~30cm(3~6호)
② 8~33℃ ③ ★★☆☆☆

잎은 단단하고, 끝부분이 갈라지며, 로제트 모양으로 자란다. 생육은 느리고, 밝은 환경에서 키우면 아담하고 튼튼해진다. 정기적으로 액체비료를 주고 잎 길이를 가지런히 맞추면, 양상추처럼 아름다운 포기가 된다.

다발리아
국명 넉줄고사리속

Davallia

넉줄고사리과. 스페인 서부, 아프리카 북부, 중국, 일본, 열대 아시아, 호주 등에 50종 정도가 분포한다. 상록성 또는 반상록성 양치식물로, 바위 틈새나 나무줄기에 착생한다. 표면이 비늘로 덮인 포복성 뿌리줄기가 자라고, 잎은 가느다란 잎자루에 깃모양겹잎이 달린다. 일부 종류는 내한성이 있어서, 서리를 맞지 않으면 실외에서도 겨울을 날 수 있다.

티에르만넉줄고사리

D. tyermannii
① 10~50cm(2~6호)
② 5~35℃ ③ ★☆☆☆☆

하얀 비늘로 덮인 뿌리줄기와 깃모양겹잎이 특징이다. 생육이 왕성하고, 습도가 높은 환경을 좋아한다. 화분에서 키우면 뿌리줄기가 밖으로 빠져나온다. 이끼볼이나 판부작을 만들면 잘 어울린다.

플레보디움
국명 토끼발고사리속

Phlebodium

고란초과. 플로리다, 중남미 등에 4종 정도가 분포한다. 나무줄기나 바위 등에 착생하는 반상록성 양치식물이다. 금빛을 띤 갈색 비늘에 덮인 뿌리줄기가 자란다. 잎은 어린 모종일 때는 결각이 없지만, 성숙하면 깃모양으로 자라 결각이 나타나고, 잎 뒤쪽에 둥그스름한 홀씨주머니가 생긴다. 잎이 작고 결각이 많은 것도 있다.

'블루 스타'

P. aureum 'Blue Star'
① 10~60cm(2~6호)
② 5~33℃ ③ ★★☆☆☆

빛이 강하면 푸르스름한 잎이 된다. 착생식물이므로 물이끼와 코르크 등을 이용하여 판부작을 만들면, 잎자루가 많이 자라지 않아 아담하고 튼튼하게 키울 수 있다.

플라티케리움
국명 박쥐란속

Platycerium

봉의꼬리과. 동남아시아, 오세 아니아, 아프리카, 남미 등에 18~20종 정도가 분포한다. 나무줄기나 암벽 등에 착생하며, 상록성으로 저수엽은 밑동의 뿌리를 덮고 물을 저장한다. 성숙하면 홀씨잎(포자엽)에 홀씨주머니(포자낭)가 달리며, 리들레이이 등 일부 종류는 개미와 공생하는 개미식물이다. 품종이 개량되어 수많은 원예품종이 있으니, 착생시켜 키워보자.

홀투미이

P. holttumii
① 30~200cm
② 12~33℃ ③ ★★★★☆
태국, 베트남 등에 분포한다. 저수엽과 홀씨잎 모두 두텁고 단단하며, 잎맥이 두드러진다. 대왕박쥐란과 비슷하지만, 성숙하면 홀씨잎은 결각이 많아지고 아래로 늘어진다. 추위에 약하다.

왕관박쥐란

P. coronarium
① 30~200cm
② 12~35℃ ③ ★★★☆☆
태국, 필리핀, 인도네시아 등에 널리 분포한다. 대형으로 쉽게 덤불(clump) 모양이 된다. 고온·고습 환경을 좋아하며, 고온기에는 비료를 조금 많이 준다. 겨울철 추위와 건조에 약하다.

대왕박쥐란

P. grande
① 30~200㎝
② 12~33℃ ③ ★★★☆☆

필리핀 민다나오섬에 분포하며, 저수엽이 양쪽으로 번갈아 커다랗게 자란다. 자생지에서는 지름 2m까지 자라기도 하여 '숲의 왕관'이라는 별명으로 불리기도 한다. 홀씨잎(포자엽)은 3갈래로 나뉜다. 유통량이 매우 적다.

리들레이이

유통명 리들리

P. ridleyi
① 15~80㎝
② 12~30℃ ③ ★★★★☆

태국, 인도네시아 등에 분포한다. 홀씨잎은 사슴뿔 모양이 되고, 저수엽은 잎맥이 울퉁불퉁하다. 자생지에서는 큰키나무에 착생하며, 습기를 머금은 바람을 특히 좋아한다. 여름철 고온, 겨울철 저온에 약하다.

완다이

유통명 완대

P. wandae
① 30~200㎝
② 12~35℃ ③ ★★★☆☆

인도네시아, 파푸아뉴기니 등에 분포한다. 습도가 높은 환경을 좋아하고, 지나치게 건조하면 저수엽이나 홀씨잎의 끝부분이 쪼그라든다. 생육이 왕성하여 습기가 높을 때 비료를 충분히 주면 거대해진다.

왈리키이

유통명 왈리치

P. wallichii
① 30~60㎝
② 12~33℃ ③ ★★★★☆

인도, 미얀마, 태국에 분포한다. 살짝 건조하게 관리하면 아담한 포기 모양을 유지할 수 있다. 저수엽은 그다지 커지지 않는다. 성장이 멈추면 저수엽이 갈색으로 변하는 경우가 많다.

가장 대표적인 원종. 튼튼하고 건강한 씨앗으로, 수많은 품종의 부모가 되었다.

베이트키이
유통명 베이치

P. veitchii
① 15~80cm
② 5~30℃ ③ ★★☆☆☆

호주 북동부에 분포한다. 하얗게 보이는 홀씨잎이 위를 향해 자란다. 더운 여름철에는 생육을 멈추지만, 추위나 건조 등 환경의 변화에는 강하다. 새끼 포기가 늘어나 덤불처럼 수북해지기 쉽다.

비푸르카툼

P. bifurcatum
① 15~80cm
② 0~35℃ ③ ★☆☆☆☆

호주 북동부 등에 분포한다. 덤불처럼 수북해지기 쉽다. 추위에 강해서 잎은 손상되어도 0℃까지 견딘다. 홀씨잎은 빛이 약하면 늘어지고, 빛이 강하고 바람이 잘 통하면 위로 자란다.

힐리이
유통명 힐리 또는 힐리아이

P. hillii
① 15~80cm
② 5~33℃ ③ ★★★☆☆

호주 북동부 등에 분포. 홀씨잎은 2갈래로 나뉘고, 저수엽은 둥그스름해진다. 밝은 곳에서는 새끼 포기가 늘어나 덤불처럼 수북해지기 쉽다. 추위에 강하고 키우기 쉽다. 고온에서는 생육을 멈춘다.

유일한 남미산 품종이다. 홀씨잎은 하얗고, 새잎이 나오면 복슬복슬해서 사랑스럽다.

자바박쥐란
유통명 윌링키

P. willinckii
① 30~80cm
② 10~33℃ ③ ★★☆☆☆

인도네시아에 분포한다. 하얀 홀씨잎이 아래로 늘어지는데, 습도를 높이고 비료를 주면 홀씨잎이 길게 자란다. 비료를 지나치게 많이 주면 거대해지고, 덤불처럼 수북해진다. 저수엽이 계속 젖어 있지 않게 주의한다.

수페르붐
유통명 슈퍼붐

P. superbum
① 30~200cm
② 5~33℃ ③ ★★☆☆☆

호주 북동부 등에 분포하며, 저수엽이 커서 왕관처럼 보인다. 추위에 강하고 크게 자란다. 홀씨잎은 성숙하면 2갈래로 나뉜다. 유통량이 많은데 대왕박쥐란(그란데)으로 유통되는 박쥐란의 대부분이 이 종류에 속한다.

안디눔

P. andinum
① 30~200cm
② 12~30℃ ③ ★★★★★

페루, 볼리비아에 분포한다. 홀씨잎은 하얗고 가느다란 털(성상모)로 덮여서 하얗고, 길게 아래로 늘어진다. 여름에는 더위를 타기 때문에 바람이 잘 통하게 하여, 살짝 건조한 상태로 키운다. 겨울에는 12℃ 이상을 유지한다. 상급자용으로 알맞다.

마다가스카르박쥐란

유통명 알시콘 박쥐란

P. alcicorne

① 30~150㎝

② 8~35℃   ③ ★★☆☆☆

마다가스카르, 모잠비크 등에 분
포한다. 홀씨잎은 위로 자라고,
저수엽은 시든 뒤 윤기 있는 짙은
적갈색으로 변하여 아름답다. 쉽
게 재배할 수 있고, 덤불처럼 수
북해지기도 한다.

마다가스카리엔세

P. madagascariense

① 10~30㎝

② 12~30℃   ③ ★★★★★

마다가스카르에 분포한다. 저수
엽에는 광택이 있으며, 쪼글쪼글
해진다. 물과 빛이 있고 바람이
잘 통하는 환경을 좋아한다. 건조
하면 저수엽 가장자리가 시든다.
덤불처럼 수북해지기 쉽다. 상급
자용으로 알맞다.

엘리시이

유통명 엘리시 또는 엘리시아이

P. ellisii

① 15~80㎝(2~5호)

② 12~30℃   ③ ★★★★★

마다가스카르에 분포한다. 홀씨
잎은 어릴 때는 삼각형이고, 성숙
하면서 2갈래로 나뉜다. 공중 습
도는 높게 유지하면서 물은 가능
한 한 적게 주어, 되도록 살짝 건
조한 상태로 관리한다. 상급자용
으로 알맞다.

콰드리디코토뭄

P. quadridichotomum

① 15~120㎝

② 12~33℃   ③ ★★★★★

마다가스카르에 분포한다. 홀씨
잎은 4갈래로 갈라지고, 가장자
리가 물결처럼 구불거린다. 생육
과 휴면을 반복하며 성장은 느리
다. 온도를 일정하게 유지하고 습
도는 조금 높게 유지해야 한다.
미풍과 충분한 물도 필요하다. 상
급자용으로 알맞다.

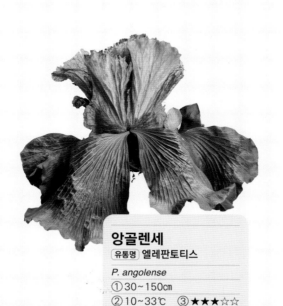

앙골렌세

유통명 엘레판토티스

P. angolense

① 30~150㎝

② 10~33℃   ③ ★★★☆☆

아프리카 중앙부에 분포한다. 대
형종으로 생육이 왕성하다. 홀씨
잎은 거대해지면 코끼리 귀처럼
보이는데, 잎맥이 아름답다. 습도
가 높은 환경을 좋아하며, 저수엽
은 중심부터 시들어 갈색이 된다.

스테마리아

P. stemaria

① 15~80㎝

② 12~33℃   ③ ★★★☆☆

아프리카 중앙부에 분포한다. 홀
씨잎은 광택이 있고, 잎맥이 세로
로 퍼져 있다. 성숙하면 2갈래로
나뉜다. 저수엽은 세로로 길고 위
쪽이 둥그스름하다. 살짝 건조한
상태로 키우면 홀씨잎이 구불구
불해진다.

드리나리아
유통명 드라이나리아

Drynaria

고란초과. 열대 아시아, 아프리카, 호주에 30종 정도가 분포하는데, 그중 1종은 일본 오키나와 지역에도 자생한다. 열대우림의 작은키나무 등에 착생하는 상록성, 반상록성 양치식물 종류이다. 비늘로 덮인 두꺼운 뿌리줄기가 있으며, 잎에는 영양잎과 깃모양겹잎인 홀씨잎이 있다. 물이끼나 유기질 용토에서 뿌리를 튼실하게 키우면 성장이 빠르다. 판부작을 만들면 판 주위를 1바퀴 돌면서 자라기 때문에, 가능하면 얇은 유목 등에 착생시킨다.

리기둘라

D. rigidula
① 10~80cm(2~8호)
② 8~30℃   ③ ★★☆☆☆

영양잎은 깊은 결각이 있고, 홀씨잎은 아치 모양으로 자란다. 생육이 왕성하여 비료를 좋아하며, 군생하기 쉽다. 코르크 등에 착생시켜 군생하는 모습을 즐겨 보자.

코로난스
유통명 곰발고사리

D. coronans
(*Aglaomorpha coronans*)
① 15~50cm(2~8호)
② 3~33℃   ③ ★★☆☆☆

영양잎은 홑잎으로 얕게 결각이 있다. 뿌리줄기는 비늘로 덮여 두껍고 봄가을에 성장한다. 먼저 옆으로 자라고, 끝까지 자라면 위아래로 자란다. 내한성과 내음성이 있으며, 낮은 화분이나 행잉 화분에서 키우는 것이 좋다.

비료를 주면, 홀씨잎 길이가 80cm 이상으로 자라기도 한다.

보니이
유통명 미니 떡갈잎고사리

D. bonii
① 15~50cm(2~6호)
② 8~33℃   ③ ★★☆☆☆

홀씨잎은 둥그스름한 결각이 있다. 태국 원산으로 지역변이가 많으며, 소형종으로 공간을 차지하지 않는다. 화분에 심으면 군생하기 쉽지만, 양쪽으로 5cm 정도의 영양잎이 나오기 때문에 판부작을 만드는 것이 좋다.

퀘르키폴리아

유통명 퀘시폴리아

D. quercifolia
① 15~60cm(3~8호)
② 8~35℃ ③ ★★☆☆☆

영양잎은 결각이 얕지만, 홀씨잎은 결각이 깊다. 대형으로 군생하기 쉬우며, 자생지에서는 야자나무 등의 줄기를 뒤덮으며 자란다. 두꺼운 뿌리줄기가 잘 자라며, 하얀 무늬나 노란 무늬가 있는 품종도 있다. 초보자용 드리나리아.

퀘르키폴리아
(보르네오산)

D. quercifolia Borneo origin
① 30~80cm(3~6호)
② 10~30℃ ③ ★★★☆☆

열대 아시아에 자생하는 대형 드리나리아 중에서도 특히 영양잎이 크다. 자생지에서는 어린 포기임에도 불구하고 얼굴보다 큰(30cm 이상) 영양잎이 있는 개체가 나무줄기에 착생한 것을 보고 놀란 적이 있다.

그야말로 시듦의 미학이다. 이 영양잎은 낙엽을 모으는 역할을 한다.

시누오사

L. sinuosa
① 10~30cm(2~5호)
② 10~30℃ ③ ★★☆☆☆

긴 타원형 잎이 특징이다. 뿌리줄기는 직선으로 자라고, 표면에 돌기가 있는 비늘조각이 있다. 생육이 왕성하여 가느다란 나무나 헤고판에 착생시켜 군생시키는 것이 좋다.

데파리오이데스

L. deparioides
① 10~60cm(2~5호)
② 10~30℃ ③ ★★★☆☆

잎은 깃모양겹잎으로 주름이 있고, 색은 실버 그린이다. 뿌리줄기도 실버 그린으로, 작은 동전 크기의 둥근 비늘조각이 모여 있다. 생육은 느리며, 습도를 높게 유지해야 한다.

뿌리줄기는 덩어리 상태인데, 자생지에서는 뿌리줄기 속 빈 공간에 개미가 공생하는 '개미식물'이다.

레카놉테리스
유통명 **개미고사리**

Lecanopteris

고란초과. 캄보디아, 인도네시아, 말레이시아 등에 10종 정도가 분포한다. 상록성 또는 반상록성 착생 양치식물로, 뿌리줄기는 땅 위를 기고 표면에 비늘조각이 있다. 습도가 높은 환경을 좋아한다. 속이 빈 뿌리줄기에 개미가 공생하는 '개미식물(Myrmecophyte)'인데, 바람이 잘 통하게 하고 비료를 많이 주면서 키우면 빨리 자란다. 겨울에 따뜻한 곳에 두면 뿌리줄기가 잘 자란다.

로마리오이데스

L. lomarioides(*L. sarcopus*)
① 15~80cm(2~6호)
② 12~30℃ ③ ★★★☆☆

잎은 깃모양겹잎으로, 결각이 많고 위로 선다. 밑동에는 비늘조각이 몇 겹씩 덮여 있다. 종소명을 사르코푸스라고 하기도 한다.

'옐로 팁'

L. 'Yellow Tip'
① 10~60cm(2~6호)
② 12~30℃ ③ ★★☆☆☆

결각이 깊고 작은 잎이 연속적으로 달린 것이 특징이다. 잎사귀는 누렇게 변하기 쉽고, 뿌리줄기는 비료가 부족하거나 시간이 지나면 거무스름해진다.

앙기옵테리스
[국명] 용비늘고사리속

Angiopteris

용비늘고사리과. 동남아시아, 호주, 마다가스카르 등에 30종 정도가 분포한다. 일본의 오키나와나 한국의 제주도 등에서도 볼 수 있다. 어스름한 숲속의 지면이나 유목이 있는 곳 등에 자생한다. 상록성 대형 양치식물로, 뿌리줄기는 짧고, 비늘조각이 덩어리 모양으로 밑동에 겹겹이 쌓여 있다. 덩어리 모양의 비늘조각을 꺾꽂이하여 번식시킬 수 있다.

용비늘고사리

A. lygodiifolia

① 15~200cm(3~10호)
② 3~33℃   ③ ★★★☆☆

어두운 환경에서도 잘 견딘다. 물이 부족하면 줄기가 늘어지고 줄기에 혹이 생긴다. 줄기가 늘어진 경우에는 물을 준 뒤 밀폐시키면 다시 살아난다.

블레크눔
[국명] 새깃아재비속

Blechnum

새깃아재비과. 동남아시아, 호주, 남미, 남아프리카 등에 230종 정도가 분포하는 양치식물 종류이다. 상록성 목본 또는 초본식물(지생)이고, 잎은 깃모양 겹잎으로 사방으로 퍼지면서 위로 서는 타입이 많다. 잎자루는 검은 비늘조각이 빽빽이 덮여 있다. 습도가 높은 환경을 좋아하고, 물이 부족하면 묵은 잎이 검게 변색되므로 주의한다. 땅 위를 기는 종류도 있다.

기붐새깃아재비 '실버 레이디'

B. gibbum 'Silver Lady'

① 15~50cm(3~8호)
② 8~30℃   ③ ★★★☆☆

결각이 있는 잎은 싱싱하고, 옆으로 퍼지면서 위로 선다. 유기질 용토에서 키우고, 여름에는 아침에 화분 받침대에 5㎜ 정도 물을 부어 물이 부족하지 않게 한다. 뿌리는 생육이 왕성하여 화분 받침대에 달라붙는 경우도 있다. 추위에는 약한 편이다.

디오온

Dioon

자메이카소철과. 멕시코나 과테말라 등에 15종 정도가 분포하는 소철의 한 종류이다. 가파르고 바위가 많은 경사면이나, 트여 있는 삼림지대에 자생하는 겉씨식물이다. 목질화된 줄기에 잎자루 밑부분이 남아 갑옷 같은 모양이 된다. 상록성으로 야자나무 같은 깃모양의 잎이며, 어린 잎은 끝부분이 뾰족하다. 암수딴그루로 커다란 포기가 되면, 꼭대기에 솔방울처럼 공 모양의 꽃이 핀다.

카푸토이

D. caputoi
① 15~80cm(4~6호)
② 10~33℃　③ ★★☆☆☆

멕시코의 오악사카주와 푸에블라주에 분포한다. 위로 서는 잎사귀가 아름답다. 생육은 매우 느려서, 몇 년에 1번 정도 잎이 나온다.

스피눌로숨

 유통명 스피눌로숨 소철

D. spinulosum
① 15~80cm(2~8호)
② 3~35℃　③ ★☆☆☆☆

내한성이 강해서 서리를 맞지 않으면 실외에서 겨울을 날 수도 있다. 비료를 좋아하여 충분히 주면, 1년 정도 뒤에 줄기가 2배 정도로 두꺼워진다. 암포기에 달리는 열매(구과)는 크기가 커서, 자생지에서는 20kg이 넘는 것도 있다.

칼리파노이

유통명 칼리파노이 소철

D. califanoi
① 15~80cm(4~6호)
② 10~33℃　③ ★★☆☆☆

멕시코의 오악사카주와 푸에블라주에 분포. 잎사귀가 아치 모양으로 벌어져, 작은 야자나무를 연상시킨다. 생육은 느리며, 강한 빛 아래에서 키우는 것이 좋다.

자미아

Zamia

자메이카소철과. 플로리다, 멕시코, 쿠바, 남미 등에 80종 정도가 분포한다. 소철의 한 종류로 암수딴그루이며, 관목림, 솔밭, 건조한 경사면에서 볼 수 있다. 석회암 지역에 자생하는 종류도 있다. 짧고 부푼 줄기에 깃모양의 잎이 달려 있으며, 작은 잎은 타원형이나 가늘고 긴 모양으로 중맥이 없다. 물이 잘 빠지는 흙을 좋아한다. 성숙한 포기는 1년에 1번 잎이 나올 만큼 생육이 느리다.

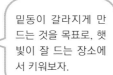

밑동이 갈라지게 만드는 것을 목표로, 햇빛이 잘 드는 장소에서 키워보자.

플로리다나

유통명 플로리다 소철

Z. floridana(Z. integrifolia)
① 15~200cm(2~15호)
② 5~35℃ ③ ★☆☆☆☆

소형으로 깃모양의 잎은 반질반질하고 단단하다. 포기가 성숙하면 밑동이 갈라지면서, 지름 50cm가 넘는 큰 덩어리가 된다. 플로리다의 자생지에서는 넓은 초원이나 작은키나무 아래 등에서 생육한다. 새싹은 윤기가 나는 갈색으로 아름답다.

케라토자미아

Ceratozamia

자메이카소철과. 멕시코~벨리즈 등에 30종 정도가 분포한다. 암수딴그루의 삼림성 소철로, 열대우림, 운무림, 건조한 고지대에 자생한다. 일부는 석회암 지역에 자생하기도 한다. 새잎이 나올 때는 갈색인 경우가 많고, 단단해지면 녹색이 된다. 삼림성 소철은 가끔씩 햇빛이 비치는 곳에서 자라기 때문에, 내음성이 강하다. 생육은 매우 느려서 1년에 1번 잎이 나온다.

힐다이

C. hildae
① 15~50cm(3~6호)
② 8~35℃ ③ ★★☆☆☆

새잎이 나올 때 색깔과 광택이 아름답다. 삼림성이어서 내음성은 강하다. 꽃은 옆으로 퍼지듯이 자란다(암수딴꽃으로 꽃이 필 때까지 10년 이상 걸린다). 유통량은 적다.

키르토스타키스

Cyrtostachys

야자나무과. 말레이시아부터 인도네시아, 보르네오섬, 솔로몬 제도에 7종 정도가 분포한다. 늘푸른작은키나무로, 습지나 열대우림에 자생한다. 암수딴그루이며, 고온·고습을 좋아하여 여름철에 잘 자란다. 겨울에는 습도를 높이고 최저 온도를 15℃ 이상으로 유지하는 것이 좋다. 씨모(실생묘)에서 선발된 개체가 유통된다.

무늬가 있는 것, 엽초(잎깍지)가 붉은색이나 오렌지색인 것, 잎이 작은 것도 있다.

아레카야자

D. lutescens
①50~200cm(5~10호)
②5~35℃ ③★☆☆☆☆

늘씬하게 크고, 잎대가 곡선을 그리며 늘어진다. 생육이 빠르고 뿌리를 아래로 뻗기 때문에, 깊은 화분에서 키우는 것이 좋다.

딥시스

Dypsis

야자나무과. 마다가스카르, 인도, 동남아시아, 남미 등에 170종 정도가 분포한다. 늘푸른 작은키나무나 큰키나무로, 암수딴그루이다. 깃모양의 잎이 나며, 엽초가 줄기를 감싸듯이 휘감는다. 씨앗을 많이 채취할 수 있기 때문에, 하나의 화분에 많은 씨를 심어서 키운 모종이 유통된다.

홍야자
유통명 립스틱야자

C. renda
①50~200cm(5~10호)
②15~35℃ ③★★★★☆

깃모양의 잎이 위로 서고, 엽초가 줄기를 덮어서 붉어진다. 그래서 '립스틱 야자'라고 부르기도 한다. 저온에 노출되거나 건조하면 줄기가 오렌지색으로 변한다. 밑동에서 새끼 포기가 잘 나와 군생하기 쉽다(식물원 등에서도 많이 볼 수 있다).

'콤팩타'

D. lutescens 'Compacta'
①15~200cm(3~8호)
②8~35℃ ③★★☆☆☆

잎이 짧고 가는 왜성 품종으로, 씨모에서 선발한다. 생육은 느리다. 이 밖에 줄기도 짧고 잎사귀도 짧은 극왜성 등의 변이가 있다.

아렝가

Arenga

야자나무과. 타이완, 말레이시아, 인도네시아 등에 20종 정도가 분포한다. 늘푸른 작은키나무나 큰키나무로, 구릉지대의 숲속에 자생한다. 암수한그루이지만 드물게 암수딴그루도 있다. 내음성과 내한성이 강하고, 3m 넘게 자라는 것도 있다.

흑죽야자

A. engleri
①50~200cm(5~10호)
②3~35℃ ③★☆☆☆☆

잎은 단단하고 두껍다. 잎자루는 까슬까슬하고, 줄기가 흰 엽초 털로 덮여 있다. 서리를 맞지 않으면 실외에서 겨울을 날 수 있다.

서리가 내리지 않는 지역이라면, 실외에서 겨울을 날 수 있다. 더위에도 강해서 오래전부터 보급된 품종이다.

포이닉스

국명 피닉스야자속

Phoenix

야자나무과. 아시아부터 아프리카의 열대~아열대 지역에 15종 정도가 분포하며, 건조지대의 오아시스 등에도 자생한다. 늘푸른작은키나무로 암수딴그루이다. 씨모로 생산하여 어린 모종일 때 노지에 심고, 잎은 잘라서 이용하며, 포기가 자라면 화분용으로 출하된다. 지속 가능한 생산 모델 중 하나이다.

피닉스야자

P. roebelenii
①50~300cm(6~15호)
②3~35℃ ③★☆☆☆☆

잎은 가늘고 긴 깃모양겹잎으로, 잎 아래쪽이 그물 모양 섬유로 덮여 있다. 일본에서는 하치조섬과 오키나와에서 씨모로 생산하여, 봄에 출하되는 경우가 많다. 줄기가 두껍고 튼튼한 포기를 고르는 것이 좋다.

양치식물, 소철, 야자나무 재배 Tips&Info

양치식물류
재배 장소
밝은 실내에서 잘 자란다

● 직사광선이 닿지 않는 실내의 창가에서 키운다. 10~33℃에서 생육하며, 4월 하순~10월 중순에는 실외의 그늘에서도 재배할 수 있다. 박쥐란, 드리나리아 등은 순화시키면 직사광선에 노출할 수 있다(석양빛은 피한다). 11월 상순~3월 상순과 7월 하순~9월 상순에는 생육이 느려진다.

바람이 식물에 직접 닿으면, 잎이 상하므로 주의한다!

밝은 장소에서 키운다

지생 양치식물류는 책을 읽을 수 있는 밝기(500룩스 정도)에서도 자라지만, 방이 어두우면 웃자라서 힘없는 모양이 되고, 잎이 얇아지며, 건조에 약해진다. 특히 착생 양치식물은 밝은 환경(3000룩스 이상)에서 키우면, 포기가 아담하고 튼튼해져서 아름다운 모습이 된다.

항상 공기를 순환시킨다

실내에서는 항상 미풍~약풍으로 공기를 순환시킨다. 서큘레이터를 식물의 반대쪽을 향하게 놓아, 직접 바람이 닿지 않는 상태로 전체 공기를 순환시킨다.

Column

이런 증상이 나타나면

물이 부족해서 시든 경우

잎끝이나 가장자리가 시드는 것은 물부족 때문이다. 오른쪽 위 사진은 네프롤레피스 '테디 주니어', 아래 사진은 미크로소리움인데, 모두 가는 뿌리 타입(p.115)이다.
물 주는 것을 잊어버리거나 강한 바람에 노출되면 잎사귀 끝부분이 마르므로, 특히 가는 뿌리 타입은 신경을 써야 한다. 물은 이끼나 흙이 마르면 듬뿍 준다. 지나치게 마른 경우에는 물을 주고 10분 뒤에 다시 물을 준다(처음에 준 물이 마중 물이 된다).

추위로 인해 손상된 경우

추위에 노출되면 잎이 상해서 2주 정도 뒤에 잎사귀 가장자리가 갈색이나 검은색으로 변한다. 최저 기온을 10℃ 이상으로 유지하는 것이 중요하다. 일단 추위를 느끼면 새잎이 나올 때까지 시간이 걸린다. 사진은 아스플레니움(무늬종).

민달팽이에 의한 식해

양치식물에 많이 생기는 문제로, 새잎이 나올 때 특히 주의해야 한다. 몇 시간 정도면 다 갉아먹는다. 밤이나 이른 아침에 밑동이나 잎이 밀집한 곳을 확인하여 발견하면 잡아서 제거한다. 전용 약제를 사용해도 좋다. 사진은 아스플레니움 '레슬리'.

착생 양치식물은 뿌리를 즐겨보자

● 양치식물류에는 흙에 뿌리를 내리고 생육하는 '지생 양치식물'과 나무 줄기나 가지, 바위 등에 착생하는 '착생 양치식물'이 있다. 착생 양치식물은 화분에 심는 것보다 판자나 유목 등에 착생시켜야 더 자연스러운 모습으로 키울 수 있다. 착생 양치식물은 뿌리 모양이나 성질에 따라 '뿌리줄기 타입'과 '가는 뿌리 타입'으로 나뉘며, 각각의 타입에 맞는 방법으로 착생시킨다(화분에 심을 경우에는 p.139~140 참조).

● 적기/5월 상순~7월 중순, 9월 중순~10월 하순(실온 15℃ 이상을 유지할 수 있으면 겨울에도 가능)

 뿌리줄기 타입

뿌리를 물이끼 위에 노출시킨다

뿌리줄기가 두껍고, 종류에 따라서는 회색이나 적갈색 비늘조각이 붙어 있다. 착생 소재를 덮듯이 착생시키면, 뿌리줄기가 그 표면을 기듯이 퍼진다.
[주요 종류] 다발리아, 드리나리아, 레카놉테리스(개미고사리) 등
예)다발리아

❶ 뿌리줄기를 잘라낸다
자란 뿌리줄기를 10㎝ 정도 가위로 잘라낸다. 잎이 2~3장 붙어있게 자른다(4장 이상 있으면 나중에 잘라서 줄인다). 구부러진 부분을 고르면 쉽게 착생시킬 수 있다.

> 뿌리가 자라던 방향이 위로 오게 놓는다.

❷ 뿌리줄기를 낚싯줄로 고정한다
나무 막대기 등에 물이끼, 털깃털이끼를 순서대로 감는다. 그 위에 뿌리줄기를 놓고 낚싯줄로 고정한다.

뿌리줄기가 옆으로 나무를 붙잡고 있는 것처럼 자랐다.

수돗물은 5㎜ 정도. 털깃털이끼가 잠기지 않게 담는다.

❸ 컵에 담아서 장식해도 좋다
크기가 작다면 투명한 컵이나 용기에 넣어 감상해도 좋다. 바닥에 수돗물을 조금 넣어 습도를 높인다. 매달아서 감상할 수도 있다.

---

② **가는 뿌리 타입**

뿌리를 물이끼로 감싼다

가는 뿌리가 자라서 성장하고 잎 수를 늘리며 자라는데, 포기 모습은 크게 달라지지 않는다. 선반 밑 등 조금 어두운 곳에서도 잘 자란다. 물이 부족하면 약해진다.
[주요 종류] 아디안툼, 아스플레니움, 폴리포디움, 프테리스(봉의꼬리) 등
예)아스플레니움 '레슬리'

❶ 뿌리를 씻어서 정리한다
뿌리분을 풀어서 흙을 제거한다. 물에 담가 남은 흙을 씻어낸다. 길게 자란 뿌리는 가위로 정리하고, 묵은 잎도 제거한다.

❷ 물이끼 위에 뿌리를 펼친다
유목에 물이끼를 감고 그 위에 뿌리를 펼쳐 놓는다(원 안쪽). 뿌리를 털깃털이끼로 덮어서 가리고, 낚싯줄을 감아 고정한다.

수돗물 50㎖를 넣는다.

❸ 전체를 밀폐시켜 뿌리를 보습한다
유목 윗부분에 구멍을 뚫고 끈을 통과시켜 매단다. 물을 충분히 준다. 비닐봉지로 전체를 밀폐(p.141)시킨다. 마르기 전에 물을 준다.

❹ 매달아서 감상한다
1달 정도 지나면 뿌리가 나오고 새잎이 자란다. 물은 유목을 통째로 물을 넣은 용기에 담가서 준다. 잎에 물을 뿌려주는 것도 잊지 말자.

박쥐란 착생 방법

● 박쥐란을 착생시키면 보다 자연에 가까운 모습으로 키울 수 있어서 감상하기에도 좋다. 여기서는 간단히 할 수 있고 실패 확률도 낮은 착생 방법을 소개한다. 착생시키는 소재로는 코르크판, 삼나무판, 유목, 헤고판 등이 있다(p.133). 물이끼의 양이나 모양에 따라 포기 모양이 달라지므로, 재배 환경이나 키우는 방법에 맞는 착생 방법을 찾아보자.

● 적기/5월 상순～7월 중순, 9월 중순～10월 하순(실온 15℃ 이상을 유지할 수 있으면 겨울에도 가능)

준비물
① 화분에 심은 포기(사진은 박쥐란), ② 젖은 물이끼(p.133), ③ 케이블 타이, ④ 착생 소재(사진은 길이 약 40㎝ 헤고판), ⑤ 마끈(낚싯줄도 OK), ⑥ 펜치 등

❷ 뿌리분을 풀어준다
포기를 화분에서 꺼낸다. 물이끼에 심은 경우에는 손으로 풀어서 제거하고, 뿌리분을 1/3 정도의 크기로 만든다.

고정시키는 위치는 뿌리분 위부터 1/3 정도 내려온 위치.

❸ 케이블 타이로 고정한다
②의 포기를 ①의 물이끼 위에 놓는다. 케이블 타이를 감아서 물이끼와 착생 소재를 임시로 고정시킨다.

❺ 마끈을 다시 감아서 단단히 고정한다
마끈을 다시 옆으로 10바퀴 이상 감아서 뿌리분과 착생 소재를 확실하게 고정시킨다. 흔들리지 않도록 케이블 타이도 조인다.

❶ 물이끼를 펼친다
착생 소재의 밑에서 1/3분 정도 되는 위치에, 축축하게 적신 물이끼를 올려서 펼친다. 너비는 뿌리분보다 2배 정도 크면 된다.

Column

배양토에 심은 경우
배양토를 꼼꼼하게 제거한 뒤, 물로 부드럽게 씻어서 깨끗한 상태로 만든다. ①의 물이끼 위에 뿌리를 펼친 뒤 위에 물이끼를 덮는다.

❹ 마끈을 감는다
마끈을 비스듬히 2～3바퀴 감아서, 물이끼가 떨어지지 않도록 모양을 정리한다.

물이끼가 지나치게 말랐을 때도 사용할 수 있는 방법이다.

❻ 물을 듬뿍 흡수시킨다
양동이 등에 물을 담아 ⑤를 넣고, 물이끼에 물을 듬뿍 흡수시킨 뒤 매단다.

박쥐란을 거대화하는 방법

● 자생지에서는 박쥐란이 나무에 착생하여 거대해진 모습도 볼 수 있다. 박쥐란은 원래 비료를 좋아하며, 뿌리가 튼튼하게 자란 상태에서는 비료에 의한 피해는 잘 발생하지 않는다. 완효성 화성비료와 동물성 완숙퇴비를 사용하여 거대하게 만들어보자.

● 적기/5월 상순~7월 상순, 9월 중순~10월 중순(실온 15℃ 이상을 유지할 수 있으면 겨울에도 가능)

비료와 온도로 크게 키운다

비료는 2달에 1번 완효성 화성비료와 동물성 완숙퇴비를 모두 주고, 최저 온도 15℃를 유지한다. 거대하게 만들려면 성장을 둔화시키면 안 된다. 극단적인 추위나 건조로 인해 스트레스를 받으면 잘 커지지 않는다.

완효성 화성비료
3요소가 같은 비율로 함유된 수용성 고형비료가 사용하기 편하다.

동물성 완숙퇴비
우분 퇴비나 마분 퇴비 중 완숙이라고 표시된, 냄새가 나지 않는 것을 고른다.

> 길이 50cm 정도의 앙골렌세가, 불과 1년 만에 이렇게 거대해진다!

저수엽이 없는 어린 포기

> 뿌리가 튼튼하면, 착생한 직후부터 비료를 준다.

❶ 비료를 감싼다
비료를 마포로 감싸거나 부직포로 만든 티백에 넣는다. 화성비료는 사진과 같은 크기의 알갱이를 2~4알 정도 사용한다. 완숙퇴비는 1~2g이 기준이다.

❷ 비료를 고정한다
주머니를 물이끼 위쪽에 끈이나 이쑤시개로 고정한다. 물을 줄 때마다 비료가 녹아들게 한다. 판부작으로 만든 경우에도 같은 방법으로 비료를 준다(p.131).

저수엽이 있는 포기

> 위에서 물이끼로 감싸면 흘러내리지 않는다.

❶ 저수엽 틈새에 비료를 올려준다
저수엽 틈새에 물이끼를 얇게 깔고 비료를 올려준다. 저수엽 지름 10cm당 화성비료 2~4알, 퇴비 1꼬집이 기준이다.

❷ 새싹이 나오면 액체비료를 준다
홀씨잎이나 저수엽의 새싹이 나오면, 규정 배율의 2~3배로 희석한 액체비료를 1주일에 1번 물 대신 주면 성장이 가속화된다.

Column

> 잘 묶어서 고정하면, 새로운 잎일수록 위를 향해 자란다.

아담하고 멋지게

박쥐란은 키우는 방법에 따라 원하는 포기 모양을 만들 수 있다. 비료를 조금 적게 주고 1주일에 1번 배치 장소나 방향을 바꿔주는 등 적당히 스트레스를 주면(p.128), 잎이 가늘고 두툼해져서 아담하고 멋진 모습이 된다.

> 새로운 저수엽이 작아졌다면 주의!

물을 지나치게 적게 주면 안 된다

물이 부족하거나 뿌리가 손상되면, 새로운 저수엽이 나올 때마다 작아진다. 건조한 경우에는 분무기로 잎에 물을 뿌리거나, 포기에 물을 충분히 준다. 뿌리가 손상되었다면, 저수엽을 자르고 판부작을 다시 만든다.

소철을 씨앗부터 키우는 방법

● 열대성 소철인 디오온(*Dioon*)의 씨앗은 발아율이 60~70% 정도이므로 씨앗을 몇 개 정도 심어보자. 씨앗을 구했다면 그늘에 3~6개월 정도 두고 충분히 숙성시킨 다음에 심는다.

● 자라서 커다란 포기가 될 때까지는 시간이 걸리지만, 어린 모종이 자라면서 점점 멋스러워지는 모습을 보는 것도 매우 즐거운 일이다.

● 적기／4월 상순~6월 하순(실온 15℃ 이상을 유지할 수 있으면 겨울에도 가능)

뿌리가 나고 싹이 트는 모습을 즐겨보자

씨앗을 심고 싹이 틀 때까지는 3~6개월, 모종으로 심을 수 있을 때까지는 1년 정도 걸린다. 정성껏 키우면서 뿌리나 싹이 자라는 모습을 관찰해보자.

씨앗을 심기 전에 3~4일 정도 물에 담가 두면 싹이 잘 튼다.

씨앗의 뾰족한 끝부분. 여기에서 뿌리도 나오고 싹도 나온다.

씨앗이 붙어 있던 부분

❶ 씨앗의 위아래를 확인한다

뿌리가 나오는 곳은 씨앗이 붙어 있던 부분과 반대쪽의 끝이 뾰족한 부분이다. 씨앗을 눕히거나, 뾰족한 끝부분을 흙에 묻지 않으면, 싹이 잘 나오지 않는다.
(예)스피눌로숨

뿌리와 싹이 나오는 모습

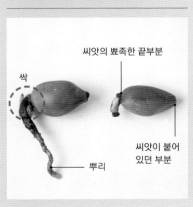

싹
씨앗의 뾰족한 끝부분
씨앗이 붙어 있던 부분
뿌리

씨앗의 뾰족한 끝부분이 안쪽으로 오게 놓고, 흙 표면에서 씨앗이 보이게 심는다.

❷ 씨앗을 심는다

2~2.5호 포트(지름 6~7.5cm)에 무기질 용토를 넣고, 그 위에 씨앗을 눕혀서 심는다. 물을 듬뿍 준다. 밝은 곳에 두고 흙이 마르면 물을 준다.

❸ 싹이 트면 옮겨심는다

뿌리가 나오고 싹이 트기 시작하면 한 치수 큰 화분에 옮겨심는다. 1~2달 정도 지나면 새잎이 자란다.

❹ 깊은 화분에서 크게 키우기

디오온은 곧은 뿌리이므로, 빨리 크게 성장시키려면 깊은 화분에서 재배하는 것이 좋다. 사진 정도의 크기로 자라려면 5년 이상 걸린다.

Column

소철의 연간 관리

재배 환경

물이 잘 빠지는 흙과 밝고 바람이 잘 통하는 환경을 좋아한다. 여름철 더위에 강하고 튼튼하기 때문에, 해가 비치는 실외에서 키울 수 있다. 겨울에는 실내의 밝은 곳으로 옮기고, 최저 온도를 5℃ 이상으로 유지한다.

물주기

여름철 생육기에는 물이 필요하기 때문에, 화분의 흙 표면이 마르면 물을 듬뿍 준다. 최저 온도가 8℃ 아래로 내려가면 살짝 건조하게 관리한다.

비료

여름철 생육기에는 액체비료를 규정 배율의 3~5배로 희석하여, 1달에 2~3번 준다. 완효성 화성비료를 줄 경우에는 5~6월에 규정량을 1번만 준다.

그 밖의 작업

성숙한 포기는 1년에 1번, 묵은 잎을 자르는 것이 좋다. 봄에 자르면 여름부터 가을에 나오는 새잎이 작고 튼튼해진다.

테이블 야자 옮겨심기

● 야자나무 종류는 민감하여 환경 변화에 약하다. 모종을 구하면 2주 이상 환경에 순화시킨 뒤 화분에 옮겨심는다.
● 야자나무를 옮겨심을 때 자주 발생하는 문제는 작업 중에 뿌리가 말라서 잎이 시드는 것이다. 따라서 뿌리를 물에 담가둔 상태에서 작업을 진행해야 한다.

● 적기/5월 상순~7월 상순, 9월 상순~10월 하순(실온 15℃ 이상을 유지할 수 있으면 겨울에도 가능)

> 야자나무 뿌리는 건조에 약하다. 물에 담근 상태로 작업하자.

준비물
①구입 후 2주 이상 지난 모종, ②플라스틱 화분, ③비료성분이 함유되지 않은 무기질 용토 (p.125), ④가위

❶ 감겨 있는 뿌리를 자른다
뿌리분을 꺼내 손으로 풀어서 흙을 털어낸다. 화분 바닥에서 감겨 있던 뿌리는 약하기 때문에, 가위로 잘라서 정리한다.

검은 뿌리나 잡아당기면 뽑힐만한 약한 뿌리는 제거한다.

❷ 물에 담가서 뿌리를 정리한다
흙을 제거한 뒤 물이 담긴 양동이에 포기를 넣고 뿌리를 꼼꼼히 씻어낸다. 화분 길이에 맞게 뿌리를 자른다.

❸ 지상부의 잎도 정리한다
뿌리를 잘랐으므로 지상부의 아랫잎을 잘라, 균형을 맞추고 증산을 억제한다. 반드시 뿌리를 물에 담근 상태에서 작업해야 한다.

❹ 정리를 마친 포기
포기가 여러 개인 경우에는 1포기당 오래된 아랫잎을 2장씩 잘라낸다. 포기를 물에서 꺼낸 뒤 바로 심는다.

이 정도로 깊게 심는다.

❺ 용토를 넣는다
포기가 흔들리지 않도록 뿌리가 보이지 않을 때까지 용토를 넣는다. 화분째 들고 톡톡 두드려서 흙을 안정시킨다.

❻ 화분을 밀폐시켜 뿌리를 활성화한다
물을 듬뿍 준 뒤 화분을 밀폐시켜 보습한다. 여기서는 화분과 밑동을 랩으로 감쌌다. 2주 정도 지나면 잎이 움트기 시작하므로, 랩을 제거하고 액체비료를 준다. 잎이 오그라든 경우에는, 전체를 밀폐시킨다(p.141).

Column

야자나무의 연간 관리

재배 환경
아침에만 해가 비치는 실외나 밝은 실내에서 재배한다. 겨울에는 최저 온도를 5℃ 이상(키르토스타키스는 15℃ 이상)으로 유지해야 한다.

물주기
지나치게 마르지 않도록 유지하는 것이 포인트. 화분의 흙 표면이 마르면 물을 듬뿍 준다. 샤워기로 위에서부터 포기 전체에 빠짐없이 물을 주는 것이 좋다. 잎에는 매일 분무기로 물을 뿌려준다.

비료
5~10월에는 액체비료를 규정 배율의 3~5배로 희석하여, 1달에 2~3번 준다. 완효성 고형비료를 줄 경우에는 규정량을 봄과 가을에 1번씩 준다.

그 밖의 작업
옮겨심기는 반드시 알맞은 시기에 한다.

기본 재배방법

바위고무나무(페티올라리스)

관엽식물의 세부적인 재배방법은
종류에 따라 다르지만,
여기서는 관엽식물 전반에 공통된
가장 기본적인 재배방법을
소개한다.

틸란드시아
우스네오이데스

에피프렘눔
'퍼펙트 그린'

보스톤고사리
'보스토니엔시스'

틸란드시아
브라키카울로스

에피프렘눔
'엔조이'

몬스테라 '콤팩타'

아스플레니움
'레슬리'

틸란드시아 부트지이(분지)

필로덴드론
그라지엘라이(하트)

생육 타입별 재배력

- p.24~25에서 설명한 생육 타입에 따라 연간 관리 작업을 12개월 달력으로 만들었다(중부 이남 기준).
- 이 책에서 소개한 주요 식물의 생육 타입은 INDEX(p.158~159)에 표시.
- 재배 장소, 물주기, 비료주기 등의 관리방법은 p.126~132에서 설명하였고, 옮겨심기, 포기나누기, 꺾꽂이, 휘묻이, 착생 등의 작업은
  p.133~152에서 주요 품종을 중심으로 설명하였다.
- 병해충은 모든 타입 공통으로 하단에 기재하였고, 구체적인 방제 방법은 p.153~155를 참조한다.

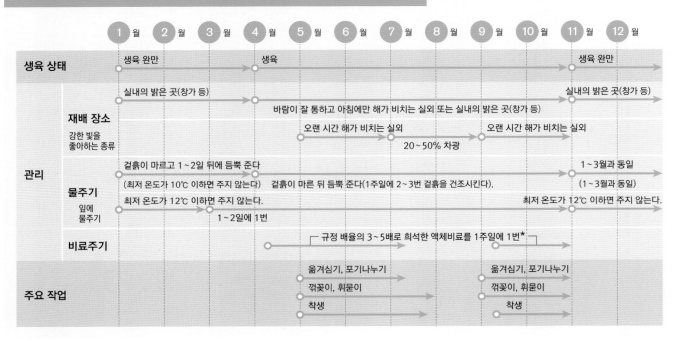

A타입

건조와 고온에 잘 견딘다
우기와 건기가 있는
열대기후 환경의 식물

A타입의 관엽식물
드라세나(산세베리아), 유카, 대부분의 틸란드시아·네오레겔리아·애크메아, 비푸르카툼 등

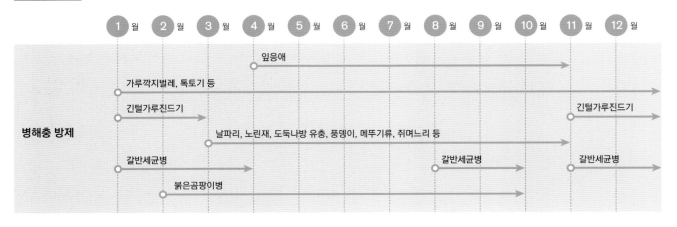

공통 **병해충 방제**

* 포기를 크게 키우려면 완효성 화성비료도 1달에 1번 주면 좋다. ** 가습기를 가동시키거나 물을 담은 접시 위에 화분 바닥이 물에 닿지 않게 올려둔다.

B타입

습한 환경을 좋아한다
열대우림 기후 및
열대 저지대의 식물

B타입의 관엽식물
고에프페르티아, 피쿠스나 대부분의 아로이드 종류, 구즈마니아, 네프롤레피스, 아스플레니움, 대부분의 박쥐란 등

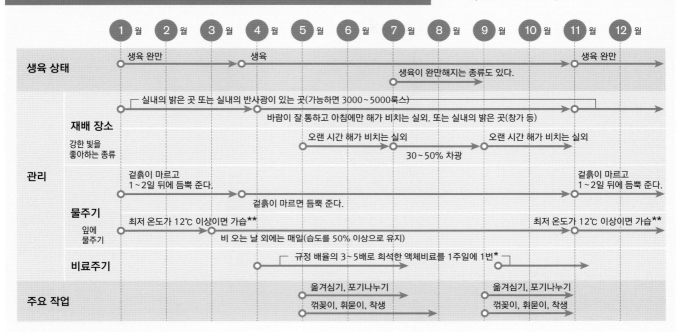

생육 상태
- 생육 완만 (1월)
- 생육 (4월)
- 생육이 완만해지는 종류도 있다. (7월경)
- 생육 완만 (11월)

관리

재배 장소 (강한 빛을 좋아하는 종류)
- 실내의 밝은 곳 또는 실내의 반사광이 있는 곳(가능하면 3000~5000룩스)
- 바람이 잘 통하고 아침에만 해가 비치는 실외. 또는 실내의 밝은 곳(창가 등)
- 오랜 시간 해가 비치는 실외
- 30~50% 차광
- 오랜 시간 해가 비치는 실외

물주기
- 겉흙이 마르고 1~2일 뒤에 듬뿍 준다.
- 겉흙이 마르면 듬뿍 준다.
- 겉흙이 마르고 1~2일 뒤에 듬뿍 준다.

잎에 물주기
- 최저 온도가 12℃ 이상이면 가습**
- 비 오는 날 외에는 매일(습도를 50% 이상으로 유지)
- 최저 온도가 12℃ 이상이면 가습**

비료주기
- 규정 배율의 3~5배로 희석한 액체비료를 1주일에 1번*

주요 작업
- 옮겨심기, 포기나누기
- 꺾꽂이, 휘묻이, 착생
- 옮겨심기, 포기나누기
- 꺾꽂이, 휘묻이, 착생

C타입

고온에 약하고 습한 환경을 좋아한다
열대운무림이나 열대 고지대의 식물

C타입의 관엽식물
안스리움(원예품종 등), 페페로미아, 틸란드시아 일부, 박쥐란(리들레이이, 안디눔 등) 등

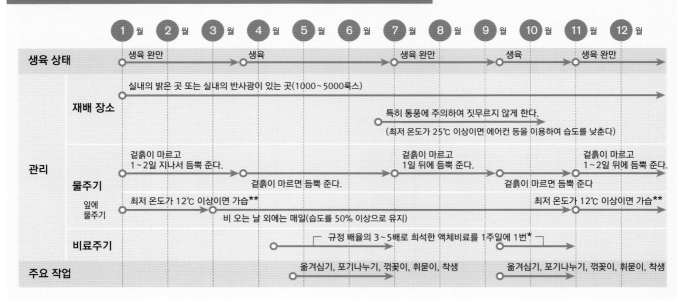

생육 상태
- 생육 완만 (1월)
- 생육 (3월)
- 생육 완만 (7월)
- 생육 (9월)
- 생육 완만 (12월)

관리

재배 장소
- 실내의 밝은 곳 또는 실내의 반사광이 있는 곳(1000~5000룩스)
- 특히 통풍에 주의하여 짓무르지 않게 한다.
- (최저 온도가 25℃ 이상이면 에어컨 등을 이용하여 습도를 낮춘다)

물주기
- 겉흙이 마르고 1~2일 지나서 듬뿍 준다.
- 겉흙이 마르면 듬뿍 준다.
- 겉흙이 마르고 1일 뒤에 듬뿍 준다.
- 겉흙이 마르면 듬뿍 준다
- 겉흙이 마르고 1~2일 뒤에 듬뿍 준다.

잎에 물주기
- 최저 온도가 12℃ 이상이면 가습**
- 비 오는 날 외에는 매일(습도를 50% 이상으로 유지)
- 최저 온도가 12℃ 이상이면 가습**

비료주기
- 규정 배율의 3~5배로 희석한 액체비료를 1주일에 1번*

주요 작업
- 옮겨심기, 포기나누기, 꺾꽂이, 휘묻이, 착생
- 옮겨심기, 포기나누기, 꺾꽂이, 휘묻이, 착생

포기 고르는 방법

어떻게 키우고 싶은지 생각한다

관엽식물은 1년 내내 유통되는데, 가능하면 생육기에 포기를 직접 보고, 잎 수가 많고 윤기가 나며 포기 모양이 정리된 것을 고르는 것이 좋다.

부담 없이 키울 수 있는 것도 있지만, 피쿠스나 아로이드, 소철, 야자나무 등, 10년 또는 20년씩 재배의 즐거움을 맛볼 수 있는 것도 있다. 같은 종류라도 2~3호의 작은 모종부터 10호 이상의 커다란 포기까지 판매된다.

관엽식물을 고를 때는 먼저 어떤 종류를 원하는지, 크게 키우고 싶은지 아니면 포기 모양을 유지하고 싶은지 등을 생각해두는 것이 중요하다. 인터넷 등의 정보를 보고 목표로 하는 이미지를 생각한 뒤 원하는 크기를 구입해야 한다.

선택 포인트

2번째로 핀 꽃.

가장 나중에 핀 꽃이 맨 위에 있어야 한다.

가장 처음 핀 꽃.

포기 가운데에서 다음에 필 꽃눈이 자라기 시작했다.

반질반질한 잎이 힘차게 뻗어 있다.

성장 상태를 보고 고른다
예) 안스리움
잎도 꽃도 새로 난 것일수록 크고 이상적인 포기다. 새로 핀 꽃이 가장 위에 있고, 잎과 꽃의 밸런스도 좋다.

손상된 것은 피한다
예) 박쥐란 마다가스카리엔세
저수엽이 공 모양으로 벌어진 것을 고른다. 오른쪽 화분처럼 저수엽이 오그라들거나 손상된 것은 피한다.

개성이 드러난 것을 고른다
예) 몬스테라 아단소니이
잎에 뚫려 있는 구멍이 이 품종의 매력이다. 잎 수가 늘고 포기가 성숙할수록 개성이 잘 드러난다.

화분 고르는 방법

뿌리가 튼튼하게 자라는 환경을 만든다

뿌리의 생육을 고려하여 화분을 고른다. 소재에 따라 흙이 마르는 시간도 다르므로, 재배방법(재배 장소나 물주기 등)에 맞는 것을 고른다.

심을 때 뿌리가 뒤엉키지 않도록 한 치수 큰 크기로 고른다. 기본적으로는 일반 화분(가로세로 사이즈가 거의 같은 것)에 심는다.

뿌리가 옆으로 자라는 종류(착생식물 등)는 낮은 화분, 뿌리가 아래로 자라는 종류(야자나무, 소철 등)는 깊은 화분을 고른다.

플라스틱 화분

가볍고 튼튼하며 저렴하고 사용하기 편하다. 그러나 공기가 잘 통하지 않아서 흙이 잘 마르지 않는다. 또한 짙은 색 화분은 열을 흡수하여 따뜻하기 때문에 식물이 잘 자라지만, 흰색 화분은 빛을 반사하므로 햇빛을 많이 받을 수 있는 실외에서 사용해야 화분 속 온도가 올라가서 식물이 잘 자란다.

도자기 화분

토분: 저온에서 구워낸 화분으로 공기가 잘 통해서 잘 마른다.
태온(駄温) 화분: 좀 더 고온에서 구운 것으로, 토분에 비해 잘 마르지 않는다.
유약 화분: 유약을 발라 구운 화분. 보기 좋아서 관상용으로 적합하다. 수분 유지가 잘 된다.

움푹 팬 부분(배수구)에서 물이 흘러나온다.

토분   태온화분   유약 화분

화분 배수구는 크기가 각각 다르다. 유약 화분은 잘 마르지 않는 대신 배수구가 작은 것이 많아서, 깔망을 깔고 사용한다.

포기에 비해 화분이 지나치게 크면, 화분 안의 물이 잘 마르지 않아 뿌리가 상하는 요인이 된다!

◎   ✕   ✕

옮겨심을 때는 한 치수 큰 화분으로
포기를 크게 키우고 싶을 경우, 옮겨심을 때 한 치수 큰 화분에 심는다. 포기의 크기를 유지하고 싶을 때나 뿌리가 손상되어 정리하고 싶을 때는, 같은 크기의 화분을 고른다.

용토 고르는 방법

뿌리를
튼튼하게 키운다

재배할 때 놓치기 쉬운 것이 바로 용토의 중요성이다. 식물의 종류나 재배 환경, 관리방법에 적합한 용토를 사용하면 뿌리가 튼튼해져서 쉽게 재배할 수 있다. 화분과의 궁합도 중요하기 때문에, 용토와 화분을 함께 고르는 것이 좋다. 여기서는 대표적인 용토의 성질에 대해 설명한다.

Column

권장 혼합 비율

적옥토 6·녹소토 2·경석 2의 비율로 혼합한다. 모두 소립을 사용하고 2mm 체로 걸러서 섞은 뒤, 섞은 것을 다시 체로 걸러서 사용하는 것이 좋다. 미세한 먼지가 있으면 흙속의 빈틈(공극)이 막히고, 물도 잘 빠지지 않으므로 주의한다.

시판되는 관엽식물용
배양토를 사용해도 좋다

처음 재배를 시작하면 자신의 재배 환경을 모두 파악하기 힘든 경우도 있다. 뿌리가 건강하게 잘 자란 포기의 화분을 바꾸는 경우에는, 시판되는 관엽식물용 배양토를 사용해도 좋다.

사진의 배양토 외에도 여러 종류가 있으므로, 비료성분 유무나 주재료를 확인한 뒤 고른다.

무기질 용토_ 혼합해서 사용한다(생육 온도 3~35℃에 적합)

모두 광물에서 유래된 소재이며, 혼합하여 배수력, 보수력, 보비력이 뛰어난 용토를 만든다. 비료성분이 함유되지 않았기 때문에 식물은 영양분을 찾아서 뿌리를 길게 뻗고, 두꺼운 뿌리가 갈라져서 가는 뿌리도 잘 발달한다. 성장은 느려진다.

무기질 용토에서는
이렇게 자란다

잎이 두꺼워지고, 잎몸(엽신)은 작은 편이며, 잎자루가 짧다. 잎의 결각은 깊어진다. 전체적으로 튼튼하고 아담한 느낌이다.

① 경석 소립
단단해서 잘 부서지지 않는다. 미세한 구멍이 많아서 물이 잘 빠진다.

② 녹소토 소립
단단한 편이고 산성이기 때문에 뿌리가 잘 썩지 않는다. 배수력, 보수력이 좋고 얼지 않는 한 잘 부서지지 않는다.

③ 적옥토 소립
배수력, 보수력, 보비력이 좋다. 단단한 것을 선택한다.

유기질 용토_ 단독으로 또는 혼합해서 사용한다(생육 적정온도는 소재에 따라 달라진다)

오른쪽 소재는 모두 단독으로 또는 혼합해서 사용한다. 무기질 용토보다 부드럽기 때문에 스트레스가 적어서, 두꺼운 뿌리가 화분 바닥까지 자란다. 반면, 일교차가 큰 환경에서는 그 영향으로 인해 포기가 약해지기 쉽다. 성장은 빨라진다.

유기질 용토에서는
이렇게 자란다

잎 수는 많고, 잎몸이 크며, 잎자루도 길다. 잎의 결각은 적은 편이며, 전체적으로 풍성한 느낌이다.

① 코코칩(생육 온도 15~30℃)
야자열매의 껍질을 분쇄한 것으로, 두꺼운 뿌리가 잘 자란다. 고온에서 기능이 떨어져 불순물이 나오면 가는 뿌리가 자라지 않고, 저온에서는 식물이 상하기 쉽다. 최대한 빨리 새로운 코코칩에 옮겨심으면 잘 자란다.

② 물이끼(생육 온도 10~33℃)
코코칩과 피트모스의 장점을 고루 갖춘 용토. 두꺼운 뿌리, 가는 뿌리 모두 잘 자라고 성장도 빠르다. 물이 부족할 때 물을 주면 식물이 빨리 회복한다.

③ 피트모스(생육 온도 15~30℃)
수생식물 등이 축적되어 이탄화한 것. 포기의 성장은 빠르고 크게 자란다. 두꺼운 뿌리도 가는 뿌리도 잘 나오지만, 화분 아래쪽에서 잘 뭉치기 때문에 펄라이트 등으로 물빠짐을 개선한다.

재배 장소

자생지의 환경과 비슷한 장소

종류에 따라 생육에 적합한 밝기가 다르기 때문에, 재배할 장소를 정할 때는 해가 드는 정도를 고려해야 한다.

자생지의 환경을 참고하는 것이 좋은데, 같은 열대우림이라도 그 종류의 생육 장소가 숲속의 지면인지 나무줄기(착생)인지에 따라서도 필요한 밝기는 달라진다.

예를 들어, 같은 소철이라도 숲속의 가끔씩 해가 비치는 장소를 좋아하는 종류가 있는가 하면, 건조지대의 해가 비치는 장소에서 자라는 종류도 있다.

키우고 있는 관엽식물을 실내에서 상태를 확인하며 장소를 바꾸어서, 가장 적합한 장소를 찾는 것이 중요하다.

공기의 흐름 만들기

어떤 장소든 광합성을 촉진시키기 위해 항상 미풍이나 약풍이 있어야 한다. 맑은 날 오전 중에 창문을 열어 공기를 환기시킨다. 환기하기 어려운 경우에는 서큘레이터 등을 사용하여 방 전체의 공기를 순환시킨다. 이렇게 해야 증산이 촉진되어 대사가 활발해지고 튼튼하게 자란다. 착생종은 매달아서 재배하는 것도 효과적이다(p.129).

● 사진 오른쪽의 「생육기에 (❶~❹)에서 키우는 종류」 항목은 관엽식물 도감(p.32~119)에 표시된 내용과 같다.

• 생육기에 적합한 여러 가지 재배 장소

❶ 아침에만 해가 비치는 실외

최저 기온이 올라가고 생육기가 되면 실외에 내놓을 수 있는 종류는 많다. 오전 10시까지 해가 비치고, 낮에는 밝은 그늘이 되는 실외가 가장 적합하다(3~5만 룩스). 강한 직사광선이 닿으면 잎이 탄다. 겨울에는 실내의 해가 드는 창가로 옮긴다.

★ 박쥐란은 5월 상순부터 나무 그늘이나, 동쪽 실외의 밝은 그늘에 두는 것이 좋다.

❷ 오랜 시간 해가 비치는 실외

강한 빛에 견딜 수 있는 종류는 5월 상순~7월 상순, 9~10월에는 직사광선에 노출시킬 수 있다(6~8만 룩스). 한여름에는 빛을 차단하고 석양빛을 피한다. 실외에 내놓을 때는 위의 ① 처럼 아침에만 해가 비치는 장소에서 2주 정도에 걸쳐 조금씩 순화시킨다. 겨울에는 실내의 해가 드는 창가로 옮긴다.

★ 브로멜리아드는 양지에서 재배하면 포기 모양이 아담하고 튼튼해진다. 단, 한여름에는 지나치게 더우면 색이 옅어질 수 있으므로 주의한다.

생육기에 ❶ 에서 키우는 종류

인기 있는 관엽식물
산세베리아, 고에프페르티아, 마란타, 스트로만테, 페페로미아, 디펜바키아, 호야, 네펜테스, 트라데스칸티아, 클로로피툼, 드라세나, 디스키디아, 립살리스, 에피필룸, 히드노피툼 등.

피쿠스
대부분의 종류.

아로이드 종류
필로덴드론, 키르토스페르마, 향토란(알로카시아 오도라) 등.

브로멜리아드
브리에세아, 구즈마니아 등.

양치식물, 소철, 야자나무
박쥐란, 드리나리아, 디오온, 자미아 등.

생육기에 ❷ 에서 키우는 종류

인기 있는 관엽식물
파키라, 쉐플레라, 코르딜리네, 유카, 스트렐리치아, 코페아, 베아우카르네아, 브라키키톤, 코요바, 코디애움 등.

피쿠스
대부분의 종류.

아로이드 종류
해당 없음.

브로멜리아드
틸란드시아, 네오레겔리아, 빌베르기아, 애크메아, 퀘스넬리아, 호헨베르기아, 디키아, 오르토피툼, 네오피툼 등.

양치식물, 소철, 야자나무
홍야자, 아레카야자, 흑죽야자, 피닉스야자 등.

❸ 실내의 밝은 장소

창가에서 레이스 커튼 너머로 해가 비치는 장소나 그 주위, 밝은 욕실 등(1~2만 룩스). 빛이 들어오는 방향으로 식물이 기울어지면 생육에 차이가 생기므로, 1주일에 1번은 화분의 방향을 바꿔준다.

★ 커다란 창이 있고 환기가 가능한 욕실은 이상적인 환경이다. 사진은 필로덴드론, 몬스테라, 에피프렘눔, 네프롤레피스 등.

❹ 실내의 반사광이 있는 장소

창에서 조금 떨어진 곳에 있는 테이블이나 선반, 현관 등(3000~5000룩스). 어두워도 책을 읽을 수 있는 정도의 밝기(500룩스)를 확보한다.

★ 현관은 조금 어둡지만 추위나 건조에 강한 종류라면 재배할 수 있다. 사진은 쉐플레라, 립살리스, 벵갈고무나무.

생육기에 ❸ 에서 키우는 종류

인기 있는 관엽식물
알피니아, 아이스키난투스, 미르메피툼, 마코데스, 필레아 등.

피쿠스
바키니오이데스

아로이드 종류
에피프렘눔, 안스리움(베이트키이, 와로쿠에아눔, 수페르붐, 그라킬레, 꽃을 즐기는 원예품종 등), 몬스테라, 필로덴드론 '플로리다 뷰티', 아글라오네마, 칼라디움, 자미오쿨카스 등.

브로멜리아드
해당 없음.

양치식물, 소철, 야자나무
네프롤레피스, 다발리아, 플레보디움, 레카놉테리스 등.

★ ①･②에 해당되는 종류도 실외에 장소가 없으면 ③에 둔다.

생육기에 ❹ 에서 키우는 종류

인기 있는 관엽식물
립살리스 등.

피쿠스
대만고무나무, 떡갈잎고무나무 '밤비노' 등.

아로이드 종류
안스리움 클라리네르비움, 안스리움 레플렉시네르비움, 몬스테라 델리오키사(무늬종), 싱고니움 '엘프', 스파티필룸 '피카소', 아글라오네마, 아델로네마, 알로카시아 등.

브로멜리아드
해당 없음.

양치식물, 소철, 야자나무
아디안툼, 아스플레니움, 용비늘고사리, 블레크눔, 케라토자미아 등.

어두운 장소에서도 키울 수 있는 종류

Column

p.126~127에서 설명한 내용은 각각의 종류를 생육기에 재배하기에 알맞은 장소이다. ①~③의 종류 중에서도 아래와 같이 내음성이 강해서 어두운 장소(④의 '실내의 반사광이 있는 장소'에 해당하는 곳)에서 키울 수 있는 종류도 있다.

인기 있는 관엽식물
산세베리아, 쉐플레라, 고에프페르티아, 마코이아나, 페페로미아, 디펜바키아, 호야, 트라데스칸티아, 클로로피툼, 드라세나 콤팩타, 아이스키난투스, 마코데스 등.

피쿠스
'소피아', '아폴로', '암스테르담 킹' 등.

아로이드 종류
에피프렘눔, 스파티필룸('피카소' 제외), 키르토스페르마, 아델로네마 왈리시이 등.

브로멜리아드
해당 없음.

양치식물, 소철, 야자나무
티에르만넥줄고사리, 드리나리아 코로난스 등.

실내에서는 매주 1번 재배 장소를 바꾼다

최저 기온이 내려가면 실외에서 키우던 종류(p.126의 ❶, ❷)는 실내로 옮겨 밝은 창가에서 키운다. 창가의 공간은 한정되어 있기 때문에 1주일마다 위치나 방향을 바꾸어 적당히 스트레스를 줌으로써 웃자라는 것을 방지한다.

밝기의 기준은?

밝기를 나타내는 수치인 '조도'는 룩스라는 단위로 표시한다. 재배 장소의 조도를 알아두면 관리하기도 편하다. 8만 룩스 정도 되는 양지라도, 빛을 50% 차단하는 차광막을 설치하면 4만 룩스의 환경을 만들 수 있다. 조도를 측정할 수 있는 스마트폰 애플리케이션도 있으므로 기준으로 삼을 수 있다.

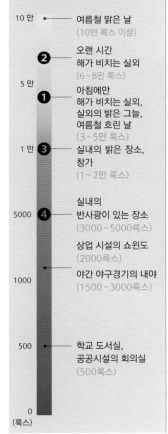

10만	●	여름철 맑은 날 (10만 룩스 이상)
❷		오랜 시간 해가 비치는 실외 (6~8만 룩스)
5만		
❶		아침에만 해가 비치는 실외, 실외의 밝은 그늘, 여름철 흐린 날 (3~5만 룩스)
1만	❸	실내의 밝은 장소, 창가 (1~2만 룩스)
5000	❹	실내의 반사광이 있는 장소 (3000~5000룩스)
	●	상업 시설의 쇼윈도 (2000룩스)
		야간 야구경기의 내야 (1500~3000룩스)
1000		
500	●	학교 도서실, 공공시설의 회의실 (500룩스)
0		
(룩스)		

겨울철(생육기 외)의 다양한 재배 장소

❷의 종류
직사광선이 오래 닿는 창가 등
남쪽으로 난 커다란 창이 있는 거실, 선룸(유리온실) 등.

❶의 종류
해가 드는 밝은 장소
밝은 거실이나 작은 창 주위 등.

1주일마다 장소를 바꾼다.

❸의 종류
해는 들지 않지만 충분히 밝은 장소
동쪽으로 난 욕실이나 거실 창에 가까운 벽 옆 등.

❹의 종류
창문에서 조금 떨어지고 반사광이 있는 장소
거실의 선반 위나 벽면, 창이 있는 부엌이나 복도 등.

1주일마다 장소를 바꾼다.

같은 종류도 로테이션한다

벽면에서도 위치를 바꾼다
벽에 걸어 놓고 감상하는 경우에도, 1주일에 1번 위치를 바꿔주면 포기가 아담하고 튼튼해진다.
예) 박쥐란

> 서로 반대 위치로 바꿔주면 효과적이다.

화분의 위치와 방향도 바꿔준다
밝은 쪽으로 포기가 기울어지기 때문에, 1주일에 1번 화분의 위치를 바꾸면서, 동시에 화분을 180도 회전시켜 방향도 바꿔준다.
예) 탱크 브로멜리아드

반사되어 공기가 순환한다. 바람이 식물에게 직접 닿지 않는다.

반사광이 있는 장소

서큘레이터 뒤쪽은 바람을 끌어모으기 때문에 쉽게 건조해진다.

레이스 커튼 너머로 해가 비치는 장소

바람이 지나가는 반대쪽에서, 서서히 공기가 움직인다.

낮에는 반드시 서큘레이터를 가동한다

반사광이 있는 장소 (조금 어두운 곳)

건조에 강한 식물

밝은 장소를 좋아하고 건조에 조금 약한 식물

건조에 강한 식물

공기의 흐름과 밝기로 장소를 선택한다

실내에서 관엽식물을 키우려면 공기의 흐름도 중요하다. 낮에는 반드시 서큘레이터를 가동시켜야 하는데, 바람이 식물에 직접 닿지 않도록 사진처럼 반대쪽 벽을 향해 45도 각도로 놓는다. 벽에 부딪힌 바람이 상하좌우로 분산되어, 방 전체를 순환하도록 조절한다. 서큘레이터가 끌어모은 바람 등으로 공기 순환이 잘 되는 곳에는, 건조에 강한 식물을 배치한다. 습도가 낮은 경우에는 바람이 잘 부는 곳에 가습기를 놓아서 전체적으로 순환시킨다.

또한 빛을 좋아하는 종류는 레이스 커튼 너머로 오랫동안 해가 비치는 장소에 둔다. 창 옆쪽의 구석에는, 조금 어두운 곳에서도 잘 자라는 종류를 배치한다.

밝기가 부족한 경우

특히 겨울에는 밝기도 일조시간도 모두 부족하기 쉽다. 탁상 조명이나 식물 재배용 LED로 1일 8시간 정도 빛을 보충해 주는 것이 좋다.

주백색광으로 빛을 보충
시판되는 주백색 LED 조명으로도 빛을 보충할 수 있다. 거리를 조절하여 광합성이 가능한 1000~3000룩스 이상을 확보한다.

태양광에 가까운 고연색 조명

모든 조명은 직접 보지 않도록 주의한다!

자외선 조명

자외선 조명으로 발색도 선명하게
브로멜리아드 등의 잎이나 무늬의 발색을 좋게 하려면, 백색광보다 태양광에 가까운 고연색 조명을 이용하는 것이 좋다. 자외선 조명도 더하면 색이 한층 더 선명해진다.

한 단계 위로!

녹색 광원 조명(식물 병해 저항성 유도용 LED)을 야간에 3시간 정도 쬐어주면, 포기 모양이 정리되고 발색도 좋아진다. 저항성도 높아져 잎응애의 피해도 줄일 수 있다.

Column

물주기

강약을 조절하여 마르면 물을 준다

화분에 심은 경우에는 바닥에서 물이 흘러나올 때까지 준다. 작은 화분에 심거나 착생시킨 포기는, 싱크대나 욕실에서 샤워기로 포기 전체에 물을 준다.

흙이 계속 젖어 있으면 뿌리가 상할 수 있고, 반대로 지나치게 건조하면 뿌리가 쪼그라들어 잎 끝이 시들거나 생육이 저하될 수 있다. 3~5일 정도면 마르도록, 강약을 조절하여 물을 주는 것이 좋다. 건습을 반복하는 것이 튼튼하게 키우는 비결이다.

마른 정도는 무게의 변화로 확인

대나무 꼬치 등을 뿌리분에 꽂아 흙이 얼마나 말랐는지 확인하면, 뿌리가 상할 수 있으므로 무게를 잰다. 먼저 물을 듬뿍 준 뒤 무게를 재고, 다 마르면 다시 무게를 잰다. 화분째 들고 각각의 무게를 감각적으로 익혀두면 좋다.

★ 사진은 무기질 용토만 사용한 경우이다. 물을 주면 30% 정도 무거워진다(오른쪽).

말랐을 때 367.6g   물을 듬뿍 흡수했을 때 471.2g

물주기의 포인트

소나기를 퍼붓듯이 샤워기로 물을 듬뿍 준다.

샤워기로 포기 전체에 준다
노즐이 달린 샤워기로 포기 전체에 물을 듬뿍 준다. 물이끼나 착생 소재에도 충분히(30초 정도) 물을 준다.

착생 포기는 물에 담가도 좋다
물이끼에 물을 충분히 흡수시키려면 물을 담은 용기에 착생 소재와 함께 담가두는 것이 좋다(1~3분 정도).

브로멜리아드는 탱크에서 물이 흘러넘치도록 준다
탱크 브로멜리아드는 잎 사이의 탱크에 물을 부어 흘러넘치게 함으로써 물을 갈아준다.

잎에 물주기

잎에 물을 뿌려서 습도를 높인다

관엽식물은 습도가 높은 환경을 좋아하는 종류가 많고, 아로이드 등은 겨울에도 습도 50% 이상을 유지해야 한다. 생육기에는 맑은 날은 1일 1번 오전 중에 분무기로 잎에 물을 주어 잎을 촉촉하게 만든다. 잎이 젖었다 마르면서 증산활동이 활발해진다. 한여름에는 저녁에도 잎에 물을 주는 것이 좋지만, 밤이 되기 전에 말라야 한다.

잎에 물을 주는 방법

잎 표면에 듬뿍 준다
생육기의 낮 동안 15~30℃를 유지할 수 있을 때, 분무기를 이용하여 물방울이 떨어질 정도로 물을 듬뿍 준다.

잎 뒤쪽에도 듬뿍 준다
분무기로 잎 앞쪽뿐 아니라 뒤쪽에도 물을 듬뿍 뿌려준다. 잎자루나 밑동에도 잊지 말고 물을 뿌려준다.

잎에 물을 뿌려주면 오염이나 노폐물을 제거할 수 있다!

물방울이 떨어질 때까지 준다
잎에 물을 줄 때는 잎을 적시는 것만으로는 안 된다. 잎 전체에서 물방울이 떨어질 때까지 듬뿍 준다.

비료주기

교대로 다른 종류의 비료를 준다

비료는 생육기에만 준다. 생육 적정온도(기준은 15~30℃)를 유지할 수 있는 경우를 제외하고, 겨울이나 한여름에는 생육이 느려지므로 비료를 주지 않는다. 뿌리는 수분이나 영양분이 있는 곳을 향해 자라는 성질이 있다. 항상 영양분이 충분하면 뿌리가 발달하지 않는데, 뿌리가 적으면 추위나 건조 등 환경 변화에 약해지기 쉽다.

비료는 적당한 양 또는 조금 적게 주는 것이 포인트이다. 액체비료와 고형비료 모두 여러 종류의 다양한 제품을 준비하여, 달마다 바꿔가며 사용한다. 이렇게 바꿔서 사용하는 이유는, 제품마다 조금씩 비료의 성분비율이 다르고 미량성분의 비율도 다르기 때문에, 영양소가 편중되는 것을 막기 위해서이다. 또한 변화가 좋은 자극이 되어 포기가 튼튼하게 자랄 수 있다.

액체비료 사용방법

제품 라벨에는 사용할 때 희석하는 비율(규정 배율)이 적혀 있는데, 규정 배율의 3~5배로 희석하는 것이 좋다. 1주일 1번을 기본으로, 성장하는 모습을 보면서 횟수를 늘리거나 줄인다.

일반 식물용이나 관엽식물용 제품을 몇 종류 골라서 바꿔가며 사용한다.

물에 희석하여 물 대신 준다. 그때그때 희석하여 남김없이 사용한다.

고형비료 사용방법

완효성 화성비료가 사용하기 편하다. 설명서에 나온 규정량을 올려주고(4호 화분에 1g이 기준), 1~2달마다 바꿔준다.

시판되는 완효성 화성비료를 몇 종류 골라서 사용한다.

고형비료 주는 방법

밑동에 올려주면 비료의 농도가 높아져서 밑동이 상할 수 있으므로 주의한다. 반드시 화분 가장자리에 둔다.

밑동에 올려주면 뿌리 윗부분이 상하여 식물이 피해를 입을 수 있다. 절대로 이렇게 하면 안 된다.

반드시 화분 가장자리에 둔다. 비료성분이 전체적으로 잘 스며들고 뿌리도 상하지 않는다.

퇴비 사용방법

완숙 우분퇴비나 마분퇴비를 사용한다. 서서히 분해되어 영양분이 된다. 효과는 늦게 나타나지만, 동물성 퇴비를 사용하면 포기가 쉽게 커진다. 미량 성분도 많이 함유되어 있다.

완숙 우분퇴비. 냄새가 나는 것은 완숙되지 않았을 가능성이 있기 때문에 사용하지 않는다. 반드시 냄새가 나지 않는 것을 사용한다.

퇴비 주는 방법

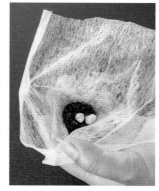

티백 등 부직포로 감싸서 사용한다. 단독으로 사용해도 되지만, 화성비료와 함께 사용하면 쉽게 커진다.

착생 포기에는 이쑤시개 등을 이용하여 물이끼 위쪽에 꽂고, 위에서 물을 주면 녹아든다.

겨울나기 & 여름나기

겨울에는 최저 온도를 높이고 습도를 유지

식물은 종류에 따라 내한성이 다르므로, 최고최저온도계를 사용하여 재배 장소의 최저 온도를 측정한다. 생육 적정온도를 밑돌면 생육이 느려지고, 더 낮아지면 생육이 정지된다. 그보다 더 온도가 내려가면 포기가 손상되어 잎이 누렇게 변하고 결국 말라 죽는다.

난방 설비로 실온을 높여서 생육이 정지되지 않게 한다. 대부분 최저 온도 15℃ 이상이면 계속 자란다. 겨울철에는 건조하기 때문에 포기끼리 모아놓거나, 비오는 날 외에는 잎에 물을 주거나 가습기를 사용하여 습도를 높인다.

여름에는 차광과 통풍으로 온도를 낮춘다

열대지역 원산의 관엽식물이라도 고온다습한 여름에는 주의가 필요하다. 장마가 끝난 8월에는 실내의 밝은 그늘로 옮기거나, 실외에서는 차광막 등으로 빛을 막아준다.

실외와 실내 모두 뜨거운 공기가 고여 있지 않도록, 서큘레이터 등을 이용하여 항상 공기를 순환시켜서 온도를 낮춰야 한다. 저녁에 분무기로 잎에 물을 뿌려주면 기화열의 작용으로 포기의 온도가 내려가는 효과가 있다(잎에 뿌린 물은 밤까지 말라야 한다). 또한, 에어컨이 작동하는 실내에서는 건조에 주의한다.

뿌리부터 보온한다

뿌리는 온도의 변화에 약하기 때문에, 밤 ~ 새벽녘에 기온이 내려가는 경우에는 뿌리를 보온하면 효과적이다.

과일망
작은 화분이라면 화분을 보온재로 감싸면 효과적이다. 과일망은 마트 등에서 구입할 수 있다.

스티로폼 박스
여러 포기를 모아서 스티로폼 박스에 넣는 방법도 있다. 식물 전체가 박스 안에 들어가지 않아도, 화분 부분만 들어가면 효과가 있다. 냉기가 심할 때는 원예용 난방 매트를 박스 밑에 깔아두면 좋다.

난방 매트
간이 온실과 함께 사용하면 온도를 유지할 수 있어서 한층 더 효과적이다.

컵으로 간이 온실을 만든다

아이스 커피 등을 담는 뚜껑이 달린 용기를 이용하면, 온도와 습도를 유지할 수 있는 작은 온실이 된다.

높은 습도가 필요한 고에프페르티아와 아글라오네마의 작은 포기를 물이끼에 심어서 컵에 넣는다.

습도를 높이려면

밑에 물이 있으면 증발하여 습도가 높아진다. 물이 담긴 상자에 망을 깔고 화분을 올려서, 물에 닿지 않고 습도를 높이는 방법도 있다.

이 모습 자체를 즐겨도 좋다!

물을 저장한 브로멜리아드의 탱크 위에 틸란드시아를 올려서 습도를 유지시키는 방법도 효과적이다.

빛을 차단하여 시원하게

차광막으로 온도 상승을 방지한다. 특히 석양빛을 피하는 것이 중요하다. 차광막은 차광률이 각각 다른데, 50% 제품을 사용한다.
또한, 포기와 차광막 사이에는 50㎝ 이상 간격을 둔다. 이보다 가깝게 두면 열이 방출되지 않아 더위로 짓무를 수 있으므로 주의한다.

착생 테크닉

자연에 가까운 모습을 즐길 수 있다

관엽식물을 착생시켜서 자생지의 모습을 재현해보자. 관엽식물 중에는 열대우림의 나무나 암벽에 낀 이끼 등에 착생하여 자라는 '착생식물'이 많다. 착생시켜 벽면에 걸거나 매달아 키우면, 자연 그대로의 모습을 감상할 수 있다. 이러한 환경에서 살기 위해 뿌리를 뻗고 잎을 펼치며 자라는 모습에서 생명력이 느껴진다.

경험이 늘어나면 요령이 생긴다

착생은 첫 번째보다 10번째 할 때 훨씬 더 능숙하게 할 수 있다. 경험이 늘어날수록 배치에도 요령이 생겨, 멋진 작품을 만들 수 있게 된다.

착생 소재 고르는 방법

착생 소재 위에 물이끼를 깔고 그 위에 관엽식물 모종을 배치한다. 성장했을 때의 모습을 머릿속으로 그리며, 어울리는 것을 고른다. 여유 있는 크기로 고르는 것이 좋다.

여러 가지 착생 소재

❶ 삼나무판. 두께 3㎝ 정도가 좋다.
❷ 그을린 삼나무판. ❶의 표면을 토치로 그을린다. ❶보다 열화가 느리다.
❸ 헤고판. 쉽게 착생시킬 수 있지만 유통량이 줄고 있다.
❹ 유목. 여러 가지 모양을 선택할 수 있다. 마트나 온라인에서 구입 가능하며, 염분이 충분히 제거된 것을 사용한다.
❺ 코르크판(굴피껍질). 울퉁불퉁한 표면이 매력이며, 쉽게 착생시킬 수 있다.

활력제를 만들어 발근 촉진

착생시킨 다음에는 포기에서 새로운 뿌리가 나오고 자라서, 식물의 몸통을 지탱할 수 있게 된다. 조금이라도 빨리 뿌리가 나오게 하려면 '활력제'를 사용하는 것이 좋다. 토양의 유기물 등에 함유된 부식산으로 발근을 촉진시킨다.

물 300㎖에 완숙 부엽토 1줌을 넣고 섞은 뒤 하룻밤 그대로 둔다. 위쪽의 상등액을 스포이트 등으로 5㎖ 덜어서 물 300㎖에 넣고 희석시킨 뒤, 분무기에 담아 뿌리나 잎에 뿌린다. 남기지 말고 그때그때 새로 만들어서 사용해야 한다.

뉴질랜드산   중국산
일본산(생)   칠레산

물이끼 고르는 방법

산지에 따라 길이나 탄력이 다르고 내구성도 다르다. 불순물이 적고, 섬유가 길며, 탄력이 있는 뉴질랜드산이 사용하기 편하다.

꽉 짜도 물이 배어나오지 않을 정도로 짠다.

물이끼 불리는 방법

물이끼 1ℓ에 물 70㎖가 기준이다. 작업 하루 전에 비닐봉지에 넣고 서서히 불린다.

기초편_
틸란드시아를 코르크판에 붙인다

● 적기/5월 상순~7월 중순, 9월 중순~10월 하순(실온 15℃ 이상을 유지할 수 있으면 겨울에도 가능)

처음 착생시키는 경우에는 틸란드시아(에어플랜트)로 시작하는 것이 좋다. 튼튼하고 구하기도 쉽다. 코르크판(굴피껍질)이나 유목 등에 착생시키면, 특유의 강인한 생명력을 발휘하여 물과 양분을 잘 흡수하고 튼튼하게 자란다.

처음이라도 쉽게 착생시킬 수 있는 관엽식물

아스플레니움, 대만고무나무, 탱크 브로멜리아드, 틸란드시아, 호야 등

Column

착생 후 물주기

오전 중에 샤워기로 코르크판 전체에 물을 뿌리거나(p.130), 분무기로 잎에 물을 듬뿍 뿌려준다. 오후에 잎에 물을 뿌려주면 밤까지 물방울이 남아서 잎이 상할 수 있으므로 주의한다.

잎에 물을 줄 때는 잎뿐만 아니라 밑동도 꼼꼼히 적셔준다.

비료를 충분히 준 포기는, 생육기라면 1달 정도 뒤에 뿌리가 자란다.

준비물

① 틸란드시아 2종(사진은 오른쪽이 아이란토스 '미니아타', 왼쪽이 베르게리), ② 코르크판(굴피껍질), ③ 펜치, 니퍼, ④ 분무기, ⑤ 알루미늄 철사(두께 1mm)

❶ 코르크판을 적신다

분무기로 코르크판 전체에 물을 뿌리고, 물이 쉽게 고이고 잘 마르지 않는 오목한 곳을 찾는다(30분 정도 지나면 쉽게 찾을 수 있다).

❸ 시든 잎을 제거한다

밑동의 시든 잎은 모두 제거한다(원 안쪽). 남겨두면 뿌리 성장에 지장을 주어, 뿌리를 내리지 못하게 된다.

❺ 철사를 꼬아서 고정한다

코르크판 뒤쪽에서 철사를 꼬아, 단단히 고정한다.

❷ 식물을 임시로 배치한다

틸란드시아를 배치해 보면서 위치를 정한다. 빛을 좋아하는 소형종이나 은엽종은 잘 마르는 위쪽, 대형종은 아래쪽에 배치하는 것이 기본이다.

> 철사가 줄기에 파고들어도 OK. 흔들리지 않게 고정하는 것이 중요하다.

❹ 포기를 단단히 고정한다

철사를 포기에 두른 뒤 코르크판에 감아 포기가 움직이지 않도록 고정한다. 무게가 나가는 식물인 경우에는, 케이블 타이를 사용하여 단단히 고정한다.

❻ 벽에 걸고 감상한다

코르크판 위쪽에 드릴 등으로 구멍을 뚫고 철사를 통과시켜 벽에 건다. 일상적인 관리는 p.126~132 참조.

응용편① 미니 정글을 만든다

● 적기/5월 상순~7월 중순, 9월 중순~10월 하순(실온 15℃ 이상을 유지할 수 있으면 겨울에도 가능)

다른 종류를 조합하여 착생시키면, 각자 경쟁하듯이 자라기 때문에 좀 더 야성미가 살아난다. 여러 종류를 착생시킬 때도 작업 방법은 같다. 식물의 성질을 고려하여 배치할 위치를 결정하는 것이 포인트.

• 2종류의 식물로 만든다

줄기는 180° 벌어지는 스테이플러로 고정.

히드노피툼 파푸아눔

디스키디아 누물라리아

낚싯줄로 10번 정도 감아서 고정한다.

②의 위에 털깃털이끼를 올려놓는다.

• 3종류 이상의 식물로 만든다

틸란드시아 아이란토스

네오레겔리아는 밑동에 물이끼를 감고, 케이블 타이와 낚싯줄로 고정한다. 틸란드시아로 가린다.

네오레겔리아 '도미노'는 햇빛을 좋아하기 때문에, 빛이 닿는 위쪽에 배치한다.

틸란드시아 우스네오이데스

줄기를 스테이플러로 고정한다.

위의 네오레겔리아 때문에 그늘지기 쉬운 곳.

아스플레니움 아우스트랄라시쿰(무늬종). 높은 습도를 좋아하고 조금 어두운 곳에서 잘 자란다.

코르크판 아래쪽의 오목한 곳에는 습기가 있다.

디스키디아 누물라리아. 비교적 빛을 좋아하고 건조에 강하기 때문에, 코르크판 바깥쪽으로 오도록 유인한다.

물이끼를 사용하여 고정하는 방법

① 뿌리에 물이끼를 감아둔다.

② 드릴로 코르크판에 구멍을 뚫고, 케이블 타이로 밑동을 고정한다.

성장하여 빽빽해지면

코르크판에서 삐져나온 부분은 자른다. 하얀 액체는 만지지 않는다.

덥수룩해진 틸란드시아 우스네오이데스는 잘라서 정리한다.

응용편②
박쥐란을
판부작으로 즐긴다

● 적기/5월 상순~7월 중순, 9월 중순~10월 하순(실온 15℃ 이상을 유지할 수 있으면 겨울에도 가능)

박쥐란의 포트묘를 구입했다면 먼저 착생 작업을 해야 한다. 기본은 삼나무판 등을 사용한 '판부작'. 물이끼의 양이나 단단한 정도로, 물을 주는 빈도부터 포기 모양까지 조절할 수 있다.

Column

물이끼의 모양(분량)과 단단한 정도에 따라 포기 모양이 달라진다

오른쪽 완성 사진의 물이끼는 '반구형'이다. 물이끼를 많이 사용한 부드러운 '팬케이크형'(아래 사진①)은 수분 유지력이 뛰어나, 포기가 커지고 포기 모양은 풍성해진다. 반대로 물이끼를 조금 적게 사용하여 단단하고 길게 만든 '오믈렛형'(아래 사진②)은 잘 마르는 반면, 포기 모양은 아담해진다.

① 팬케이크형/반구형보다 살짝 여유 있게 정리하여, 큼직한 팬케이크 모양으로 만든다.

② 오믈렛형/반구형보다 단단하게 정리하여 작은 오믈렛 모양으로 만든다.

준비물
① 삼나무판, ② 젖은 물이끼, ③ 낚싯줄(두께 6호 정도), ④ 구입한 모종(사진은 박쥐란 '네덜란드'), ⑤ 물을 담은 용기, ⑥ 드릴(또는 송곳), ⑦ 케이블 타이

⑤ 뒤쪽에서 케이블 타이를 통과시킨다.
③ 매달기 위한 구멍도 뚫는다.
② 이쪽에도 구멍을 뚫는다.
① 드릴로 삼나무판에 구멍을 뚫는다.
④ 물이끼를 펼친다.

❶ 물이끼를 임시로 고정한다
물이끼를 삼나무판 위에 올려놓고, 케이블 타이를 물이끼 위에서 반대쪽 구멍으로 통과시켜 임시로 고정해둔다.

생장점이 위로 가게 올린다.

❸ 뿌리를 펼쳐서 놓는다
사방에서 눌러 봉긋하게 만든 물이끼 한가운데에, 모종 뿌리를 사방으로 펼쳐서 올린다.

❷ 뿌리를 깨끗하게 씻는다
뿌리분의 흙을 털어내고, 물이 담긴 용기에 뿌리를 넣고 남은 흙을 조심스레 씻어낸다.

❹ 낚싯줄을 감는다
낚싯줄을 삼나무판에 감는다. 포기 위쪽과 아래쪽을 각각 몇 번씩 통과시켜 물이끼를 묶어준다.

❺ 물이끼를 반구형으로 만든다
낚싯줄을 물이끼 주변에 30번 정도 감아서 물이끼를 단단한 반구형으로 정리한다.

❻ 흔들리지 않도록 고정한다
물이끼의 두께(삼나무판과 모종의 생장점 사이)는 5cm 정도가 좋다. 낚싯줄에 이어 케이블 타이로 단단히 묶는다.

튀어나온 물이끼를 가위로 잘라서 정리한다.

생장점이 삼나무판 중앙에 위치해야 한다.

❼ 판부작 완성
삼나무판 위쪽의 구멍에 끈이나 케이블 타이, 철사 등을 통과시켜서 벽에 건다.

그 뒤의 관리는
밝고 바람이 잘 통하는 실내에서 1주일에 1~2번씩 물을 주며 관리한다. 몇 주일이 지나 생장점이 움트기 시작하면, 일반적인 방법으로 관리한다.

응용편③
특별한 착생 소재를 사용한다

● 적기/5월 상순~7월 하순, 9월 상순~10월 하순(실온 15℃ 이상을 유지할 수 있으면 겨울에도 가능)

착생 소재는 주변에서 쉽게 구할 수 있는 것을 사용해도 좋다. 마트는 착생 소재의 보고이다. 유목이 아닌 살아 있는 나무에 착생시키면, 자생지를 연상시키는 풍경을 연출할 수 있다.

Column

이런 것도 착생 소재가 된다!

극단적으로 수분이나 빛에 약한 소재가 아니라면, 어떤 것이든 착생 소재가 될 수 있다. 아래의 사진은 메이라킬리움 트리나스툼(*Meiracyllium trinastum*)이라는 난초를 사슴뿔에 착생시킨 예이다. 기발한 발상으로 오브제 같은 아름다운 작품이 완성된다.

오픈 테라스

나무도마로 만든 판부작

디스키디아 누물라리아

마트에서 구입한 나무도마

❶ 뿌리에 물이끼를 감아서 고정
도마에 드릴로 구멍을 뚫고, 물이끼 위에서 케이블 타이로 고정한다.

❷ 털깃털이끼를 올려서 묶는다
털깃털이끼를 올리고 낚싯줄을 여러 번 감아서 묶는다.

유목에 착생

마음에 드는 유목에 착생시키면, 난초도 멋진 잎을 즐길 수 있는 관엽식물이 된다.

반다 '프티 부케'

유목을 지지대로 사용

유목을 지지대 대신 화분에 꽂아서, 몬스테라 줄기를 올려준다.

몬스테라 아단소니이

줄기를 철사로 고정한다

살아 있는 식물과 함께

줄기로 기어오르는 몬스테라의 성질을 이용하여 다른 식물과 함께 키운다.

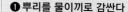

떡갈잎고무나무

몬스테라 아단소니이

Column

이끼볼 버전으로 즐기기

뿌리를 물이끼로 감싸 공모양으로 만든 것이 '이끼볼 버전'이다. 매달면 바람도 잘 통하고 포기 모양이 아담하게 정리된다. 박쥐란이나 드리나리아 등으로 응용해도 좋다.

안스리움 그라킬레의 이끼볼 버전. 길게 자라서 아래로 늘어진 공기뿌리가 아름답다.

❶ 뿌리를 물이끼로 감싼다
포기를 포트에서 꺼내, 축축하게 적신 물이끼로 뿌리를 감싼다. 공기뿌리는 밖으로 빼둔다.

매달기 위해 알루미늄 철사를 꽂아둔다.

❷ 낚싯줄을 감는다
손으로 눌러서 물이끼를 단단하게 만든 뒤, 낚싯줄을 여러 번 감는다. 물을 준 뒤 매단다. 습도를 높이면 공기뿌리가 자라서 위의 사진처럼 된다. 밀폐하여 습도를 높이는 것도 효과적이다.

옮겨심기 & 포기나누기

환경에 순화시킨 뒤 작업한다

모종은 구입하고 바로 옮겨심으면 안 된다. 생산지에서 판매점, 그리고 새로운 보금자리로 오는 동안 계속 환경이 바뀌어서 스트레스를 받은 상태이기 때문이다. 생산지의 재배 환경이 이상적이었다고 해도, 판매점에서는 보관 장소의 제약 등으로 반드시 적합한 환경에 있었다고 할 수 없다. 또한 새로운 보금자리에 오면 또다시 재배 환경이 달라진다.

급격한 환경 변화를 겪었기 때문에 바로 옮겨심으면 포기가 상하는 원인이 된다. 적어도 2주 이상 환경에 순화시킨 뒤 작업해야 한다.

뿌리가 가득차면 옮겨심는다

관엽식물은 화분이 뿌리로 가득차면 바로 옮겨심어야 한다. 뿌리가 가득차면 생육이 저하될 수 있다. 그렇게 되기 전에 옮겨심어야, 뿌리가 상하지 않아 건강하게 키울 수 있다. 다만, 커다란 포기로 만들고 싶다면 뿌리가 가득찰 때까지 기다리지 말고, 좀 더 빨리 옮겨심어야 한다.

포기를 크게 키우고 싶다면 되도록 뿌리를 자르지 말고, 한 치수 정도 큰 화분에 심는다. 반대로 포기를 같은 크기로 유지하고 싶다면, 뿌리분을 풀어서 같은 크기의 화분에 심는다.

화분이 가득차거나 새끼 포기가 자란 포기는, 옮겨심을 때 동시에 포기나누기를 하면 된다(화분이나 용토는 p.124~125 참조).

피쿠스 옮겨심기

● 적기/5월 상순~7월 상순, 9월 상순~10월 하순(실온 15℃ 이상을 유지할 수 있으면 겨울에도 가능)

피쿠스나 아로이드 등, 화분에 심어서 키우는 종류에 공통된 방법이다. 묵은 흙을 말끔하게 제거하고, 새로운 흙으로 바꿔주는 것이 중요하다. 작업을 마친 뒤에는 화분을 밀폐(p.141)한다.

준비물
①옮겨심을 포기(사진은 피쿠스 팔메리), ②한 치수 큰 화분, ③비료성분을 함유하지 않은 무기질 용토, ④물을 담은 용기, ⑤대나무 꼬치, ⑥가위

❶ 묵은 흙을 털어낸다
뿌리분을 화분에서 꺼내 풀어주고, 묵은 흙을 제거한다. 뿌리 사이의 흙은 대나무 꼬치로 제거한다.

❷ 뿌리를 정리한다
손상되어 검게 변한 뿌리나 지나치게 길게 자란 뿌리는 가위로 자른다.

❸ 뿌리를 깨끗이 씻어낸다
뿌리를 물에 넣고 흙이나 뿌리 사이의 불순물을 말끔하게 씻어낸다.

❹ 새로운 화분에 옮겨심는다
화분에 용토를 조금 넣고, 뿌리를 펼쳐서 포기를 올려놓는다. 포기의 위치나 높이가 달라지지 않도록 대나무 꼬치로 받쳐준다.

❺ 옮겨심기 완료
남은 용토를 넣고 포기를 고정한 뒤, 꼬치를 뺀다. 물을 주고 2주 정도 화분을 밀폐한다. 그 뒤에는 분무기로 잎에 물을 뿌려주거나, 희석한 액체비료를 살포할 수 있다. 1달 정도 지나면 일반적인 방법으로 관리한다.

양치식물(뿌리줄기) 포기나누기

● 적기/5월 상순~7월 상순, 9월 상순~10월 하순(실온 15℃ 이상을 유지할 수 있으면 겨울에도 가능)

뿌리줄기 타입의 양치식물은 두꺼운 뿌리줄기를 옆으로 뻗으며 퍼진다. 잎이 붙어 있도록 뿌리줄기를 잘라낸다. 작업한 뒤에는 전체를 밀폐(p.141)한다.
예) 티에르만넉줄고사리

같은 방법으로 작업하는 뿌리줄기 타입 식물

아글라오모르파, 드리나리아, 레카놉테리스 등

❶ 화분에 가득찬 포기
화분에서 뿌리가 삐져나오고, 가운데 부분에는 빛이 닿지 않는다. 화분을 잘 주물러서 포기를 꺼낸다.

❷ 손상된 뿌리를 정리한다
묵은 흙은 모두 제거하고 검게 손상된 뿌리는 잘라낸다. 뿌리를 물에 넣고 흙을 씻어낸다.

이 부분에서 자른다.

뿌리줄기

뿌리줄기에서 자란 가는 뿌리

❸ 자를 위치를 확인한다
뿌리줄기를 어디에서 자를지 결정한다. 뿌리줄기는 10㎝ 정도만 있으면 심을 수 있다.

❹ 가위로 잘라서 나눈다
가위로 뿌리줄기를 자르면 간단하게 포기가 나뉜다. 여기서는 3포기로 나누었다(오른쪽).

잎은 1/3 정도 잘라내서 증산을 억제한다.

뒤엉킨 잎을 정리한다

자를 때는 묵은 잎부터 순서대로 자른다.

❺ 뿌리와 잎을 정리한다
튀어나온 뿌리나 잎을 여러 장 자른다. 뿌리줄기 바로 옆에서 잘라, 균형이 맞게 모양을 정리한다.

❻ 낮은 화분에 심는다
코코칩을 조금 넣은 뒤 위에 포기를 올리고 높이를 조절한다. 코코칩을 보충하고 손가락으로 눌러서 고정한다.

무기질 용토

뿌리줄기는 옆으로 퍼지기 때문에, 낮은 화분을 사용한다.

물이끼

코코칩

❼ 포기나누기 완료
위의 용토 중 어떤 것을 사용해도 좋다. 물을 듬뿍 준 뒤 전체를 밀폐한다(p.141).

그 뒤의 관리는
실내의 밝은 곳에서 관리한다. 물은 흙이 마르면 주고, 2주 뒤에는 밀폐를 풀고 일반적인 방법으로 관리한다.

양치식물(가는 뿌리) 포기나누기

● 적기/5월 상순~7월 상순, 9월 상순~10월 하순(실온 15℃ 이상을 유지할 수 있으면 겨울에도 가능)

가는 뿌리가 빽빽하게 자라기 때문에, 뿌리줄기 타입보다 물부족에 약하다. 작업한 뒤에는 반드시 전체를 밀폐한다.
예)줄고사리 '페티코트'

같은 방법으로 작업하는 가는 뿌리 타입 식물

아디안툼, 아스플레니움, 플레보디움, 봉의꼬리(프테리스) 등

Column

스킨답서스(에피프렘눔 아우레움)를 물이끼에 심기

대부분의 관엽식물은 같은 방법으로 물이끼에 심을 수 있다. 꼼꼼히 씻은 뿌리를 물이끼로 감싸서, 화분 지름의 약 1.2배 크기의 공 모양으로 만든 뒤 화분에 심는다.

물이끼에 심어서 매달면 흙이 쏟아질 걱정 없이 즐길 수 있다.

❶ 화분에 가득찬 포기
몇 년 동안 방치한 포기다. 가는 뿌리 타입은 뿌리가 가득차서 물을 흡수할 수 없게 되면 잎이 시들기 쉽다.

❷ 포기 나누기
포기를 꺼내 흙을 털어낸다. 포기의 상태를 보고 양쪽으로 잡아당기면 나눌 수 있다.

❸ 가위를 사용해도 좋다
손으로 잘 나눠지지 않으면 가위로 자른다(여기서는 3포기로 나누었다). 시든 잎은 제거한다.

❹ 물이끼에 심는다
촉촉하게 적셔둔 물이끼로 가는 뿌리를 감싼다.

물이끼를 화분 지름의 1.2배 정도의 공 모양으로 만든다

❺ 물이끼를 공 모양으로 만든다
바닥 부분에도 물이끼를 밀어 넣고 전체를 눌러서 공 모양으로 만든다.

❻ 새로운 화분에 밀어 넣는다
물이끼로 감싼 뿌리를 새로운 화분에 밀어 넣고, 단단히 고정한다.

> 가는 뿌리 타입은 일반 화분을 사용한다.

무기질 용토

물이끼

코코칩

❼ 포기나누기 완료
왼쪽의 용토 중 어떤 것을 사용해도 좋다. 물을 듬뿍 준 뒤 전체를 밀폐(p.141)한다. 그 뒤의 관리는 뿌리줄기 타입과 같다.

화분 밀폐 & 전체 밀폐

습도와 온도를 유지

투명 비닐봉지 등으로 화분만 감싸는 것을 '화분 밀폐', 화분을 포함하여 포기 전체를 감싸는 것을 '전체 밀폐'라고 한다. 습도를 일정하게 유지함으로써 포기가 튼튼하게 자랄 수 있다.

심거나 옮겨심기 위해 뿌리를 정리한 다음이나, 꺾꽂이 등으로 뿌리 성장을 촉진시키고 싶은 경우 등에 하는 작업이다.

생육을 위해서는 공기의 흐름도 중요하기 때문에 기본적으로는 '화분 밀폐'를 하지만, 특히 높은 습도를 좋아하는 종류나 뿌리를 대대적으로 정리한 경우, 꺾꽂이한 경우 등에는 '전체 밀폐'가 효과적이다.

고형비료를 올려둔 경우에는 반드시 제거한다. 비료가 필요 이상 녹아들어 뿌리가 상할 수 있다.

밀폐 중 관리 방법

밝은 실내에서 관리한다. 매일 분무기로 잎에 물을 뿌려주고, 화분의 흙 표면이 마르면 물을 준다. 새잎이 나오는 등 생육이 활발해지면 비닐봉지를 벗긴다. 밀폐는 2주가 기본이다. 2주 뒤에는 일단 봉지에서 꺼내 확인한다. 아직 생육이 활발하지 않다면 다시 밀폐하고, 계속 상태를 관찰한다.

화분 밀폐_ 화분만 감싼다

겉흙에서 수분이 증발되는 것을 막아, 화분 안의 습도를 일정하게 유지할 수 있다. 보온효과도 있다. 모든 관엽식물에 사용할 수 있는 방법이다.

옮겨심은 안스리움(p.81).

전체 밀폐_ 화분과 포기 전체를 감싼다

물이 부족하면 잎이 쉽게 상하는 종류나 뿌리를 대대적으로 정리한 포기는, 옮겨심은 뒤 화분째 비닐봉지에 넣고 밀폐한다. 잎의 증산작용을 억제할 수 있다.

잎이 비닐봉지에 달라붙지 않게 주의한다.

옮겨심은 티에르만넉줄고사리(p.139).

응급대책 ①
잎이 시들면 화분 밀폐

저온이나 건조로 뿌리가 손상되어 잎이 시들면, 화분 밀폐로 되살릴 수 있다. 2주 정도 지나면 새로운 뿌리가 움트기 시작하고, 포기가 활기를 찾는다. 예)고에프페르티아 '화이트 퓨전'

밑동쪽은 열어놓는다.

비닐봉지 끝부분은 밑으로 내려둔다.

비닐봉지 윗부분을 케이블 타이나 끈으로 살짝 묶는다. 밑동을 세게 조이지 않도록 주의한다.

2주가 지나면 하얀 새 뿌리가 나온다. 실제로 밀폐할 때는 뿌리가 상하므로 확인하지 않는다.

응급대책 ②
잎이 안쪽으로 말리면
밤에만 전체 밀폐

고에프페르티아 등은 건조하면 잎이 안쪽으로 말리는데, 밤에만 전체 밀폐하면 잎의 증산작용을 억제하여 뿌리의 부담을 줄일 수 있다. 예)고에프페르티아 '프레임 스타'.

잎이 안쪽으로 말리는 것은 뿌리의 활동이 약해져서, 수분을 충분히 흡수하지 못하고 있다는 표시이다.

밤에만 전체를 밀폐하여 보습한다.

번식

생육기가 되면
빨리 번식시킨다

번식방법으로는 늘어난 새끼 포기를 나누는 방법(포기나누기, 새끼 포기 나누기 등), 잎이나 줄기를 흙에 꽂아 싹을 틔우는 방법(잎꽂이, 꺾꽂이, 줄기꽂이 등), 휘묻이 등이 있다. 수가 많지는 않지만 씨앗으로 키울 수 있는 종류도 있다.

이들 모두 생육기가 되면 빨리 번식시킨다. 뿌리나 싹이 나오면 생육이 쉬워지므로, 겨울철 생육 정체기까지 모종을 어느 정도 크게 키울 수 있다.

모종은 신중하게
재배한다

잎꽂이나 꺾꽂이 등을 통해 만든 어린 모종은, 조금만 환경이 변해도 바로 영향을 받기 때문에 신중하게 키워야 한다. 특히 물이 부족하지 않도록 주의한다.

싹이 트면 규정 배율의 3~5배로 희석한 액체비료를 정기적으로 준다(p.131). 그런 다음 잎이 몇 장 나오면 한 치수 큰 화분에 옮겨심고, 일반적인 방법으로 관리한다.

부드러운 잎의 잎꽂이

● 적기/5월 상순~7월 하순, 9월 상순~10월 하순(실온 15℃ 이상을 유지할 수 있으면 겨울에도 가능)

부드러운 잎은 쉽게 손상되므로 물이끼 등 유기질 용토에 꽂는다. 작업한 뒤에도 전체 밀폐로 습도를 높여, 꽂은 잎이 손상되지 않도록 주의한다.
예) 스트렙토카르푸스 '프리티 터틀'

같은 방법으로 작업하는 종류

베고니아, 곤약 등

❶ 1마디씩 자른다
화분 가득 자란 스트렙토카르푸스 '프리티 터틀'. 생육기에는 차례차례 꽃이 핀다.

❷ 튼튼한 아랫잎(바깥쪽 잎)을 밑동에서 자른다
잎꽂이는 튼튼한 아랫잎(바깥쪽 잎)을 사용하면 성공률이 높다. 가위로 잎자루 아래쪽에서 잘라낸다.

❸ 물에 담가 불순물을 제거한다
잎자루 길이는 2~3㎝ 정도가 좋다. 절단면을 물에 5분 정도 담가서 불순물을 제거한다.

> 다른 유기질 용토에 꽂아도 상관없다.

❹ 절단면을 물이끼로 감싼다
물에 적신 물이끼를 잎자루에 단단히 감아준다.

❺ 손으로 눌러서 공 모양으로 만든다
물이끼를 잎자루에 감고, 손으로 꽉 쥐어서 공 모양으로 만든다.

❻ 화분에 심는다
2호 화분에 밀어 넣는다. 빡빡하게 넣어야 꽂은 잎이 안정된다.

> 잎이 비닐봉지에 달라붙지 않게 주의한다.

❼ 전체 밀폐로 키운다
물을 듬뿍 준 뒤 30분이 지나면 전체를 밀폐(p.141)한다. 밝은 실내에서 계속 물이 부족하지 않게 관리한다.

> 꽂은 잎이 시들기 시작한다.

> 새싹에서 잎이 나온다.

그 뒤의 관리는
2~3달 정도 지나면 새싹이 나온다. 전체 밀폐를 풀고 밝은 실내에서 재배한다. 잎이 3장 정도 나오면 분갈이한다.

단단한 잎의 잎꽂이

● 적기/5월 상순~7월 하순, 9월 상순~10월 하순(실온 15℃ 이상을 유지할 수 있으면 겨울에도 가능)

위쪽의 커다란 잎을 사용하는 것이 아니라, 밑동의 튼튼한 아랫잎(바깥쪽 잎)을 사용하는 것이 포인트. 뿌리가 잘 나와서 성공률이 높다. 무기질 용토에 꽂는다. 예)산세베리아 파텐스 등

같은 방법으로 작업하는 종류

페페로미아, 자미오쿨카스 등

무늬종은 포기나누기를 한다

무늬가 있는 품종을 잎꽂이로 번식시키면, 무늬가 나오지 않는 경우가 많다. 새끼 포기를 나누어 번식시키는 것이 좋다.

새끼 포기가 나왔다.

산세베리아 '트위스티드 시스터'

옆으로 당겨서 떼어낸다.

❶ 밑동의 아랫잎을 떼어낸다
튼튼한 포기를 고른다. 아랫잎을 손가락으로 잡고 옆으로 움직여서 당기면, 잘 떨어진다.

❷ 깔끔하게 분리한다
무리하게 떼지 않으면, 잎 아랫부분까지 함께 깔끔하게 분리된다.

이 부분이 붙어 있게 분리하는 것이 중요하다. 뿌리와 싹이 나온다.

❸ 상처 난 부분을 말린다
바람이 잘 통하는 그늘에 3~7일 정도 두고, 상처 난 부분을 완전히 말린다.

쓰러지지 않도록 기대어 세운다.

❹ 잎 아랫부분을 얕게 묻는다.
무기질 용토(입자 2㎜ 이하)에 잎을 놓고, 아랫부분이 살짝 가려질 정도로 묻는다.

> 잎이 흔들리면 싹이 잘 나오지 않으므로, 잎을 움직이지 않는다.

쓰러지지 않도록 기대어 세운다.

❺ 흔들리지 않게 한다
잎을 묻고 2~3일 지나면 물을 준다. 밝은 실내에서 계속 물을 주면서 관리한다.

실제로는 파내지 않는다!

❻ 뿌리가 나오면 비료를 준다
1달 이상 지난 뒤 잎을 살짝 건드려도 움직이지 않으면 뿌리가 나온 것이므로, 1주일 뒤부터 액체비료를 준다.

땅 위로 나온 싹

줄기가 자랐다.

❼ 잎꽂이하고 3~6달 뒤
싹이 자라기 시작한다. 같은 방법으로 계속 관리하며 싹이 커질 때까지 기다린다(실제로는 파내지 않는다).

뿌리가 붙어 있게 자른다.

❽ 싹을 잘라낸다
잎꽂이하고 6달이 지나 잎이 3~4장이 되면, 밑동 부분을 뿌리가 붙어 있게 가위로 자른다.

❾ 화분에 심는다
2호 화분에 무기질 용토를 넣고 심는다. 그늘에 2~3일 정도 두고 물주기를 시작한다. 밝은 실내에서 관리한다.

공기뿌리 휘묻이

● 적기/5월 상순~7월 하순, 9월 상순~10월 하순(실온 15℃ 이상을 유지할 수 있으면 겨울에도 가능)

휘묻이는 가지나 줄기 중간에서 뿌리가 나오게 하여, 그 윗부분을 잘라 모종으로 키우는 방법이다. 공기뿌리를 이용하면 쉽게 할 수 있어서 포기를 간단히 번식시킬 수 있다.
예)필로덴드론 퀘르키폴리움

같은 방법으로 작업하는 종류

몬스테라, 안스리움 등

공기뿌리가 나오는 종류

관엽식물 중에는 공기뿌리가 나오는 종류가 많이 있다. 다만, 공기뿌리를 사용하여 간편하게 휘묻이를 할 수 있는 종류와 그렇지 않은 종류가 있다. 피쿠스는 쉽게 휘묻이를 할 수 있다.

공기뿌리로 쉽게 휘묻이를 할 수 있는 종류. 몬스테라 '후쿠스케'(위)와 필로덴드론 '핑크 프린세스'(아래).

❶ 공기뿌리를 물에 담근다.
뻗어 나온 공기뿌리를 지퍼백에 넣고, 그 안에 수돗물 50~100㎖를 부어 공기뿌리가 자라게 한다.

> 뿌리의 양이 많으면 심은 뒤에 쉽게 뿌리를 내린다.

❷ 줄기를 가위로 자른다
공기뿌리는 2주 정도 지나면 충분한 길이로 자란다. 공기뿌리가 붙어 있는 상태로 마디 아래에서 줄기를 자른다.

❸ 절단면을 다시 자른다
날카로운 칼로 줄기를 다시 자른다. 가위로 자른 절단면은 조직이 짓눌려 있기 때문이다(p.146).

❹ 필요 없는 잎을 자른다
증산을 억제하기 위해 아랫잎을 제거한다. 잎은 2~3장 정도 남겨둔다. 절단면을 5~10분 정도 물에 담가 불순물을 제거한다.

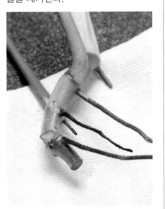

❺ 절단면을 말린다
물에서 꺼내 키친타월 위에 놓고, 그늘에서 15~30분 정도 말린다.

❻ 밑동을 물이끼로 감싼다
밑동(공기뿌리가 붙어 있는 부분)을 물에 적신 물이끼로 감싼다. 길게 자란 공기뿌리는 물이끼 위에 감아준다.

❼ 2호 화분에 심는다
2호 화분에 ⑥의 물이끼를 밀어 넣고, 흔들리지 않게 고정한다.

❽ 밝은 곳에서 관리한다
쓰러지기 쉬워도 작은 화분을 사용하는 편이 물이끼가 잘 마르기 때문에, 뿌리가 물을 찾아 잘 자라서 생육이 빠르다.

그 뒤의 관리는

밝은 실내에서 관리하면 2주 정도 뒤에 싹이 움트기 시작한다. 규정 배율의 3~5배로 희석한 액체비료를 주기 시작하고, 일반적인 방법으로 관리한다. 원래의 포기는 그대로 계속해서 잘 관리하면, 2~3주 정도 뒤에 새싹이 움트기 시작한다.

탱크 브로멜리아드의 새끼 포기 따기와 물꽂이

● 적기/5월 상순~7월 상순, 9월 상순~10월 하순(실온 15℃ 이상을 유지할 수 있으면 겨울에도 가능)

탱크 브로멜리아드는 차례차례 자라나는 새끼 포기를 따서 심으면 쉽게 번식시킬 수 있다. 새끼 포기를 물에 꽂으면 습도도 유지되고 뿌리가 나오는 모습도 관찰할 수 있다.
예)네오레겔리아 교배종

같은 방법으로 작업하는 종류

트라데스칸티아, 아로이드, 빌베르기아, 애크메아 등

바람이 잘 통하는 곳에 둔다.

탱크에는 물을 붓지 않는다.

수돗물은 깊이 1~2㎝ 정도 넣고, 줄어들면 새로운 물로 갈지 말고 보충한다.

밑동의 기는줄기를 자른다.

❶ 크게 자란 새끼 포기를 자른다

새끼 포기가 군생한 포기에서, 새끼 포기가 어미 포기의 절반 크기 이상으로 자라면 나눌 수 있다.

❸ 물을 넣은 컵에 꽂는다

수돗물을 넣은 컵에 포기 아랫부분을 꽂는다. 수돗물에는 석회가 함유되어 있어 잘 썩지 않는다.

❷ 시든 잎을 제거한다

밑동의 시든 잎을 그대로 두면 뿌리 성장에 방해가 되므로, 깨끗하게 제거한다(원 안쪽 사진 참조).

알루미늄포일로 감싼다.

내부는 어둡고 온도가 올라가지 않는다.

❹ 뿌리가 자라지 않을 때

밝은 곳에서 관리한다. 1달이 지나도 뿌리가 나오지 않으면 컵을 알루미늄포일로 감싼다.

뿌리가 자라는 모습을 눈으로 관찰할 수 있다.

❺ 뿌리가 자란다

이 정도로 뿌리가 자라면 물이끼로 감싸서 심을 수 있다. 그대로 물에 꽂아두어도 된다.

Column

기는줄기로 번식하는 접란

접란(*Chlorophytum comosum*)은 기는줄기(포복줄기)가 자라서 꽃을 피운 뒤, 종이학 모양을 닮은 새끼 포기가 생긴다. 새끼 포기를 따서 심으면 뿌리가 나와 간단히 번식시킬 수 있다.

기는줄기 끝부분에 생긴 새끼 포기.

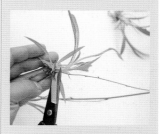

새끼 포기가 종이학 모양을 닮았다. 기는줄기에서 잘라낸다.

컵에 넣으면 수경재배도 가능하다.

몬스테라의 줄기꽂이

● 적기/5월 상순~7월 하순, 9월 상순~10월 하순(실온 15℃ 이상을 유지할 수 있으면 겨울에도 가능)

줄기꽂이는 줄기를 물이끼로 감싸서 싹을 틔워 모종을 만드는 방법이다. 줄기의 마디(잎이 달린 부분)에서 뿌리가 자라며 새싹이 나온다. 몬스테라는 줄기가 기어오르는 성질이 있기 때문에, 줄기를 눕히지 말고 세로로 꽂으면 성공률을 높일 수 있다.
예) 몬스테라(무늬종)

같은 방법으로 작업하는 종류

피쿠스, 에피프렘눔, 필로덴드론 등

❷ 마디마다 자른다
잎이 달린 부분 밑으로 3~4㎝ 정도 되는 곳을 가위로 자른다. 마디마다 자르면 많이 만들 수 있다.

❸ 밑동에 마디를 남겨두면 다시 자란다
원래의 포기는 마디(사진의 원 부분)를 남겨두면 싹이 나와 다시 자란다.

❶ 커다랗게 자란 포기
잎에 상처가 없고 잘 자란 튼튼한 포기로 작업한다.

❹ 잎을 잘라서 작게 만든다
증산작용을 억제하기 위해 칼로 잎을 절반 길이로 자른다.

❺ 줄기 절단면을 다시 자른다
날카로운 칼로 절단면을 다시 자른다. 비스듬히 자르지 말고 수직으로 자른다. 달려있는 공기뿌리는 남긴다.

절단면 비교
오른쪽은 가위로 자른 절단면으로 조직이 짓눌려 있다. 왼쪽은 칼로 다시 자른 절단면으로, 깔끔하게 잘라서 잘 상하지 않는다.

❻ 물에 담가서 불순물을 제거한다
절단면을 물에 5~10분 담가서 불순물을 제거한다.

❼ 절단면을 말린다
키친타월 위에 올려놓고 10~15분 동안 절단면을 말린다.

위아래를 혼동하면 안 된다.

줄기를 기준으로 세로 방향!

> 몬스테라는 줄기를 옆으로 눕히지 않는다!

❽ 줄기를 세워서 꽂는다
줄기 부분을 물이끼로 단단히 감싸서, 1호 화분(지름 3㎝)에 밀어 넣는다.

잎이 붙어 있는 부분이 보일 정도의 깊이로 심는다.

❾ 줄기꽂이 완료
작은 화분은 물이끼가 잘 말라서 뿌리가 잘 자란다.

그 뒤의 관리는

밝은 실내에 두고 물이끼가 마르면 물을 준다. 2주 정도 지나면 싹이 움트기 시작한다. 액체비료를 주고 일반적인 방법으로 관리한다. 3달 정도 지나면 큰 화분으로 분갈이한다.

포기 갱신

생육기가 되면 빨리 포기를 갱신한다

관엽식물은 생육이 왕성한 종류도 많아서, 몇 년 정도 키우면 지나치게 커지거나 포기 모양이 흐트러지는 경우가 있다. 대부분의 관엽식물은 갱신시켜 새롭게 재배할 수 있으므로, 줄기를 짧게 잘라서 꺾꽂이 등으로 갱신한다. 무성해진 잎이나 가지를 자르는 등 평소의 관리도 중요하다.

코르딜리네의 순지르기와 꺾꽂이

● 적기/5월 상순~7월 하순, 9월 상순~10월 하순(실온 15℃ 이상을 유지할 수 있으면 겨울에도 가능)

코르딜리네는 잎이 줄기 위쪽에 몰려 있어서, 성장하면 밑동쪽에 공간이 생기는 경우가 많다. 이럴 때는 줄기를 중간에서 잘라 꺾꽂이로 갱신시킨다. 잘라낸 원래의 포기에서도 새싹이 자란다. 예)코르딜리네 '아이치아카'

같은 방법으로 작업하는 종류

드라세나 '콤팩타', 피쿠스 등

꺾꽂이모

12cm ──── 자른다.

12cm ──── 자른다.

이 부분도 꽃을 수 있다. 잎이 없어도 뿌리가 나온다.

원래의 포기에서도 새로운 싹이 나온다.

❶ 꺾꽂이모를 준비한다
줄기가 지나치게 많이 자라서 밑동이 허전해진 포기. 잘라서 꺾꽂이를 하는 길이는 12cm 정도이다. 짧으면 뿌리가 잘 나오지 않는다.

위아래를 혼동하지 않도록 주의!

❷ 꺾꽂이모를 꽂는다
무기질 용토를 담은 2~2.5호 화분에 꽂은 뒤 물을 듬뿍 준다. 원래 포기는 그대로 일반적인 방법으로 관리한다.

❸ 전체 밀폐로 관리한다
꺾꽂이한 화분은 전체 밀폐(p.141)하고, 해가 드는 실내에서 관리한다. 1달 정도면 뿌리가 나오고 싹이 움튼다.

깊이 뿌리를 내리는 직근성이기 때문에, 깊은 화분에 심으면 잘 자란다.

❹ 뿌리를 풀어준다
화분에서 뿌리가 삐져나오면, 한 치수 큰 화분에 무기질 용토를 넣고 옮겨심는다.

꺾꽂이 후 간단하게 전체를 밀폐하는 방법

꺾꽂이모가 작으면 주변에서 흔히 사용하는 용기로도 전체 밀폐를 할 수 있다. 투명 페트병을 사용하면 자라는 모습을 직접 관찰할 수도 있다. 잎에는 물을 뿌리지 말고, 잎이 1장 나오면 액체비료를 준다. 잎이 5~6장 정도 나오면 한 치수 정도 큰 화분에 심는다.

잎이 용기에 닿지 않게 한다.

1달이 지나면 낮에만 뚜껑을 열어, 바깥 공기에 적응시킨다.

페트병을 이 부분에서 잘라서 씌웠다.

몬스테라를 물이끼에 꺾꽂이한 뒤, 페트병으로 전체를 밀폐하였다. 페트병은 밑에서 1/4~1/5 정도 되는 위치에서 자른다. 페트병 아랫부분을 받침접시 삼아 화분을 올리고, 윗부분을 씌운다. 절단면에 가로로 홈을 만들면, 위아래를 쉽게 고정할 수 있다.

1달이 지나면 낮에만 뚜껑을 열어, 바깥 공기에 적응시킨다.

루비기노사고무나무를 무기질 용토에 꺾꽂이한 것. 아이스 음료용 용기를 사용하면 좀 더 간단하게 전체를 밀폐할 수 있다.

대만고무나무의 밑동 솎아내기

● 적기/4월 상순 ~ 10월 하순(실온 15℃ 이상을 유지할 수 있으면 겨울에도 가능)

생육이 왕성하면 잎이나 가지가 무성해지기 쉽다. 특히 포기 밑동에 바람이 통하지 않고 햇빛도 닿지 않으면, 웃자라거나 깍지벌레가 발생한다. 잎이 빽빽해지면 바로 솎아낸다.

같은 방법으로 작업하는 종류

파키라, 쉐플레라, 피쿠스, 아로이드 종류 등

Before

❶ 가지와 잎이 늘어난 포기
가지와 잎이 많아져서 포기 밑동에 햇빛이 닿지 않는다. 위에서 보고, 겹치는 부분을 가위로 잘라낸다.

❷ 가지는 밑동에서 자른다
복잡해진 가지나 가늘고 연약한 가지는 밑동에서 잘라낸다.

포기를 크게 키우고 싶을 때는, 이 작업을 하지 않는다.

❸ 밖으로 뻗은 가지는 일부를 잘라낸다
둥근 모양으로 만들려면 가지 끝부분을 일부 잘라낸다.

After

❹ 밑동이 보이게 만든다
가지와 잎을 솎아내서 깔끔하게 정리한다. 튼튼하게 자라고, 덩이뿌리도 감상할 수 있다.

Column

덩이뿌리를 즐길 수 있는 식물

묵직한 덩이뿌리를 가진 대만고무나무 '판다'(판다고무나무). 대만고무나무는 튼튼하게 키우면 덩이뿌리가 비대해져 색다른 멋이 있다.

디스키디아의 눈따기

● 적기/6월 상순 ~ 하순(실온 15℃ 이상을 유지할 수 있으면 겨울에도 가능)

길게 자란 줄기를 잘라서 포기 모양을 정리한다. 성장기 초반에 끝부분의 눈을 따주면, 밑동의 곁눈에서 새로운 줄기가 자라 포기 전체가 무성해진다.

같은 방법으로 작업하는 종류

호야, 아이스키난투스 등

❶ 자란 줄기의 끝부분을 자른다
줄기 끝부분을 잎 바로 앞까지 자른다. 손상된 줄기는 제거한다.

❷ 하얀 유액이 나온다
줄기를 자르면 바로 하얀 유액이 나온다. 만지면 피부가 상할 수 있으므로 주의한다.

흘러나온 유액

❸ 유액을 제거한다
줄기 끝부분을 바로 물에 담가 유액을 제거한다.

❹ 전체 모양을 정리한다
전체 모양을 정리한다. 모든 줄기에 눈따기(순지르기)를 하면 좀 더 둥글게 자란다.

줄기가 많이 자란 경우에는, 포기 밑동 부분을 조이지 않는다.

❺ 화분을 밀폐하여 새싹을 틔운다
화분을 밀폐하면 습도가 일정해져, 보통의 경우보다 빨리 싹이 움튼다. 2주 ~ 1달 정도 지나면 화분 밀폐를 마치고 일반적인 방법으로 관리한다.

싱고니움 포기 갱신

● 적기/5월 상순~7월 하순, 9월 상순~10월 하순(실온 15℃ 이상을 유지할 수 있으면 겨울에도 가능)

덩굴성 품종을 방치하면 길게 덩굴을 뻗어 무성해진다. 무늬종에 무늬가 생기지 않는 경우도 있다. 꺾꽂이로 갱신시킨다.

같은 방법으로 작업하는 종류

스킨답서스(에피프렘넘 아우레움), 몬스테라 등

❶ 지나치게 자란 포기
줄기를 길게 뻗으면서 제멋대로 자란 포기. 갱신이 필요하다.

❷ 끝눈을 자른다
끝눈(덩굴 끝부분의 눈)을 자른다. 쉽게 뿌리를 내리기 때문에 꺾꽂이에 적합하다. 잎이 2장 붙어 있게 자른다.

❸ 물에 담가서 불순물을 제거한다
절단면을 바로 물에 5~10분 정도 담가서, 불순물을 제거한다.

공기뿌리는 그대로 둔다.

❹ 1마디씩 자른다
끝눈 아래쪽은 1마디씩 자른다. 절단면을 바로 물에 5~10분 정도 담가서, 불순물을 제거한다.

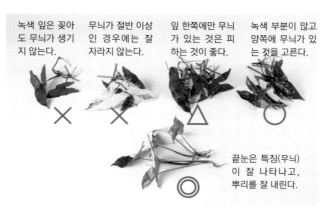

녹색 잎은 꽃아도 무늬가 생기지 않는다.

무늬가 절반 이상인 경우에는 잘 자라지 않는다.

잎 한쪽에만 무늬가 있는 것은 피하는 것이 좋다.

녹색 부분이 많고 양쪽에 무늬가 있는 것을 고른다.

끝눈은 특징(무늬)이 잘 나타나고, 뿌리를 잘 내린다.

❺ 무늬로 꺾꽂이모를 선택한다
끝눈을 가장 우선적으로 사용하고, 그 다음은 잎에 녹색 부분이 많고 양쪽에 무늬가 균형있게 들어간 꺾꽂이모를 선택한다.

잎 길이를 1/2 정도로 자른다.

❻ 절단면을 다시 자른다
골라낸 꺾꽂이모의 절단면을 다시 칼로 자른다. 잎도 길이를 1/2 정도 잘라준다.

새로운 물로 갈아서 담가둔다.

❼ 다시 물에 담가서 불순물을 제거한다
꺾꽂이모의 절단면을 5~10분 정도 물에 담가서 불순물을 제거한다.

키친타월을 깔아서 꺾꽂이모가 지나치게 마르는 것을 막는다.

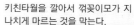

❽ 절단면을 말린다
키친타월 위에 올려놓고, 절단면을 10~15분 정도 말린다.

❾ 끝눈을 심는다
물에 적신 물이끼를 끝눈 아랫부분에 감아 잘 감싼 뒤, 1포기를 1개의 화분(2호 화분)에 심는다.

끝눈 외에는 2호 화분에 2포기를 심어서 뿌리가 서로 경쟁하게 하면 빨리 뿌리를 내린다.

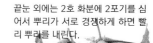

1칸이 3×3cm인 사각 모종 트레이에 1포기씩 심어도 좋다.

❿ 다른 마디도 심는다
잎보다 밑에 있는 줄기와 공기뿌리를 물에 적신 물이끼로 감싸서 심는다. 2주~1달 동안 전체를 밀폐한다.

땋은 줄기 파키라의 포기 갱신

● 적기/5월 상순~7월 상순, 9월 상순~10월 하순(실온 15℃ 이상을 유지할 수 있으면 겨울에도 가능)

파키라는 3~5포기를 모아서 줄기를 땋은 것이 많이 유통된다. 재배할 때 그중 1포기가 시들어 죽는 경우가 있는데, 방치하면 다른 포기도 손상되므로 1포기씩 분리하여 갱신시키는 것이 좋다.

갈색으로 시든 줄기. 잎도 이미 떨어졌다.

❶ 1포기가 시든 땋은 포기
5포기의 줄기를 땋아서 만든 모아심기이다. 1포기가 시들어서 보기 안 좋다.

❷ 시든 줄기를 잘라서 분리한다
시든 줄기는 가위를 넣기 편한 곳에서 잘라 분리한다.

❸ 밑동까지 시들었다
시든 줄기를 위에서부터 밑동 쪽으로 순서대로 잘라서 제거한다.

❹ 다른 포기를 풀어준다
땋은 포기를 풀어준다. 죽은 포기를 제거했기 때문에, 틈이 생겨서 쉽게 풀어진다.

❺ 1포기씩 나눈다
뿌리분을 털어내고 1포기씩 나눈다. 살아 있는 4포기를 다시 심는다.

❻ 각각 다른 화분에 심는다
1포기씩 나누어 심는다. 여기서는 피트모스 중심의 유기질 용토를 사용했지만, 다른 용토도 관계없다.

❼ 독특한 모양으로 구부러진 포기
줄기가 구부러진 개성적인 4포기의 화분이 완성되었다. 밝은 실내에서 1달 정도 재배한다. 잎이 나오기 시작하면 일반적인 방법으로 관리한다.

공기뿌리

생육기가 되면 빨리 공기뿌리를 키운다

공기뿌리가 잘 자라는 종류는, 공기뿌리를 키우면 자생지를 연상시키는 포기 모양을 만들 수 있다. 대부분의 자생지는 1년 내내 습도 50% 이상인 습한 환경으로, 공기뿌리가 잘 자란다.

습도를 높이기 위해 분무기로 잎에 물을 뿌려주고, 동시에 줄기에도 물을 뿌려주면 효과적이다. 또한, 작은 화분을 사용하거나 줄기를 구부리는 등, 수분이나 양분이 부족한 상태로 만들면 새로운 공기뿌리가 수분이나 양분을 찾아서 잘 나온다.

Column

공기뿌리란?

줄기에서 나와 공기 중에 노출되어 자라는 뿌리를 공기뿌리라고 한다. 지상부의 줄기를 지탱하거나, 대기 중의 공기와 수분을 흡수하거나, 또는 나무나 바위 등에 착생하도록 도와주거나, 물을 저장하는 등, 다양한 기능을 갖고 있다. 그 흥미로운 모습을 관찰하는 즐거움도 크다.

싱가포르 식물원의 거대한 대만고무나무. 두꺼운 공기뿌리가 복잡하게 뒤얽혀, 야성미 넘치는 독특한 모습을 자랑한다.

공기뿌리가 자라게 하려면

포인트 ①
줄기를 구부린다
줄기 속 수분이나 양분 등의 흐름이 바뀌면 공기뿌리가 잘 나온다. 줄기를 구부려서 포기 모양을 만들고 (p.61), 공기뿌리가 나오게 한다. 사진은 꺾꽂이한 뒤 3년째에 접어든 루비기노사고무나무.

구부려서 상처가 난 곳에서도, 공기뿌리가 잘 나온다.

포인트 ③
줄기에 물을 뿌려서 습도를 유지한다
분무기로 잎에 물을 뿌리면서 동시에 줄기에도 물을 뿌려, 습도를 높게 유지한다.

포인트 ②
작은 화분에서 키운다
화분이 크면 줄기에서 수분이나 양분을 찾는 공기뿌리가 잘 자라지 않는다. 1년에 1번 같은 크기의 화분이나 한 치수 큰 화분에 옮겨심으면서, 화분 크기를 적당히 유지한다.

사진은 브라키키톤 루페스트리스.

Column

공기뿌리의 개성을 즐긴다

공기뿌리는 식물의 종류에 따라 부드러운 것, 단단한 것 등 개성이 있다. 공기뿌리를 키워서 야성미 넘치는 모습을 즐겨보자.

대만고무나무 '판다'. 줄기에서 두꺼운 공기뿌리를 뻗으며 서서히 성장한다.

필로덴드론 '링 오브 파이어'. 줄기 마디에서 부드러운 공기뿌리가 차례차례 자란다.

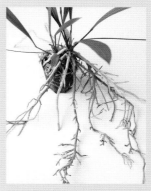

안스리움 그라킬레. 부드러운 공기뿌리가 많이 나와서 가늘게 갈라진다.

물꽂이

절화처럼 즐긴다

물꽂이는 적옥토 등을 사용하지 않고 물에 담가서 뿌리가 나오게 하는 꺾꽂이 방법이다. 가지치기한 가지나 뿌리가 달린 상태에서도 가능하다. 흙을 사용하지 않기 때문에 방안의 테이블이나 선반 등에 놓기 좋고, 관엽식물을 절화 같은 느낌으로 즐길 수 있다(p.11).

다만, 쉐플레라나 소철 등과 같이 수액에 유분이 많은 식물은 물이 쉽게 썩기 때문에 하지 않는 것이 좋다.

아레카야자의 물꽂이

● 적기/5월 상순~7월 상순, 9월 상순~10월 하순(실온 15℃ 이상을 유지할 수 있으면 겨울에도 가능)

시판되는 모종의 뿌리를 깨끗이 씻어서 정리한 뒤, 그대로 물이 든 용기에 꽂는다. 투명한 용기를 사용하면 뿌리가 자라는 모습을 즐길 수 있다.

같은 방법으로 작업하는 종류

마란타, 드라세나, 아로이드 등.

준비물
아레카야자 모종, 물이 든 용기, 가위, 긴 컵

❶ 시든 잎을 제거한다
뿌리분을 꺼내 밑동의 시든 잎을 제거한다. 뿌리분을 풀어서 흙을 털어낸다.

짧게 자르면 물꽂이에 적합한 새로운 뿌리가 잘 나온다.

❷ 뿌리를 정리한다
가는 뿌리는 제거하고, 밑동에서 자란 두꺼운 뿌리를 남긴다. 가위로 컵에 들어가는 길이로 자른다.

❸ 뿌리를 깨끗하게 씻는다
뿌리를 물에 담가서 불순물을 깨끗하게 씻어낸다.

❹ 컵에 담가 장식한다
뿌리가 달린 부분이 잠기는 높이까지 물을 넣는다. 더 많이 넣으면 상할 수 있다.

그 뒤의 관리는
밝고 공기가 잘 통하는 실내에 두고, 물이 줄어든 만큼만 보충한다. 정수가 아닌 수돗물을 사용하고(석회가 수초 발생을 억제한다), 물이 탁해지면 새로운 물로 갈아준다. 비료는 줄 필요 없다. 크게 키울 경우에만 액체비료를 규정 배율의 5배로 희석하여, 1달에 1번 정도 준다(용기 오염에 주의).

잘라낸 가지나 줄기를 물에 꽂는다

가지치기한 가지나 줄기도 물꽂이를 할 수 있다. 피쿠스 등과 같이 하얀 유액이 나오는 종류는 자른 뒤, 5~10분 동안 물에 담가 유액을 제거한 다음에 꽂는다.

스킨답서스(에피프렘넘 아우레움)는 가위로 3마디 이상의 길이로 자른 뒤, 절단면을 칼로 다시 깨끗하게 잘라서 물에 꽂는다.

용기 교체

스킨답서스를 아래 사진과 같은 용기에 넣어서 장식하면, 차분한 분위기를 연출할 수 있다. 물꽂이는 용기를 쉽게 바꿀 수 있어서 기분전환이 가능한 점도 매력이다.

병해충 & 생리장해 대책

평소의 관찰이 중요

관엽식물은 생육이 왕성한 종류가 많아서, 생육 상태가 바로 잎이나 줄기 등의 변화로 나타난다. 평소에 꼼꼼히 관리하고 동시에 날마다 포기 상태를 잘 관찰하여, 조금이라도 이상이 발견되면 빠르게 대처하는 것이 중요하다.

재배 환경 체크

관엽식물뿐 아니라 대부분의 식물이 병해충의 피해를 입기 쉬운 때는 추위나 더위, 건조나 과습 등 환경으로 인한 스트레스를 받았을 때이다. 또한, 비료가 부족하거나 지나치게 많으면 생리장해의 원인이 되고, 정기적으로 옮겨심지 않으면 뿌리가 가득차거나 손상되어 생리장해로 이어지는 경우도 있다.

식물에게 문제가 생기면 재배 환경을 다시 체크하여 적합한 방법으로 재배해야 한다.

병해충이 원인이라면 필요에 따라 살충제나 살균제 등으로 대처한다. 발견하면 가능한 한 빨리 방제하는 것이 효과적이다. 그리고 피해를 최소한으로 억제하려면 항상 포기를 튼튼하게 유지하는 것이 무엇보다 중요하다. 그런 면에서도 평소에 식물을 꼼꼼하게 관리해야 한다.

CASE ①
추위로 잎이 시든다

추위로 생육이 부진하고 뿌리의 활동도 약해지는 증상이 나타난다. 겨울에는 최저 온도를 12℃ 이상으로 유지하고, 습도를 높일 수 있는 화분 밀폐, 전체 밀폐로 회복시킨다(p.141).

잎이 늘어지며 시든다
예)알로카시아
잎의 녹색 부분이 옅어지고 잎자루가 늘어지며 시든다. 대부분의 종류에 공통된 전형적인 증상이다.

아랫잎이 누렇고 새잎이 작아진다
예)아글라오네마
아랫잎이 누렇고 새로 나온 잎일수록 작아진다. 파키라, 피쿠스 등에서도 볼 수 있는 증상이다.

새잎 표면에 반점이 생긴다
예)고에프페르티아
추운 밤에 잎에 준 물이 마르지 않으면 이런 증상이 발생하기 쉽다. 물로 인해 얼룩이 생길 수도 있다. 증상이 가벼우면 잎은 시들지 않는다.

CASE ②
건조, 물부족으로 잎이 마른다

잎끝이나 가장자리에서 증상이 나타나고, 심해지면 시들어 떨어진다. 흙이 마르면 물을 듬뿍 준다는 기본 원칙을 지켜야 한다. 화분 밀폐, 전체 밀폐로 회복시킨다(p.141).

잎끝이 마른다
예)스트로만테(위), 안스리움(아래)
잎끝이나 가장자리부터 시들면서 마른다. 전형적인 증상이다.

잎 전체가 오그라들며 시든다
예)빌베르기아
물을 잘 주지 않아 건조한 상태가 길게 이어지면, 잎 전체가 오그라들면서 시든다.

CASE ③
잎에 갈색 반점이 생긴다

갈반세균병에 의한 피해. 고온기나 저온기에 식물이 약해지면 나타나는 경우가 있다. 더운 시기에는 갈색~검은색, 추운 시기에는 노란색~검은색 반점이 생긴다. 회복되지 않으므로 잎을 밑동쪽에서 자른다. 가위는 사용할 때마다 버너나 알코올 등으로 소독한다. 이 세균은 흙속이나 낙엽, 가지 등 어디에나 있는 상재균으로, 포기가 약해지면 발생한다. 정기적으로 비료를 주어 포기를 건강하게 유지하는 것이 최선의 대책이다.

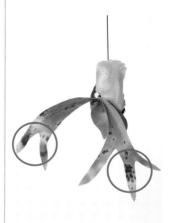

예)박쥐란(위아래 사진 모두)
덥거나 습도가 높으면 발생하기 쉽다. 바람이 잘 통하게 하고, 겨울에는 난방으로 온도를 높이고, 여름에는 밤 동안 시원하게 유지한다. 다른 포기와 접촉하거나 물을 통해서 전염되기도 하므로 주의한다.

CASE ④
잎 가운데 부분이 시든다

바깥으로 노출된 잎의 끝부분이나 가운데 부분이 회갈색으로 시드는 것은 잎이 타는 증상이다. 한여름의 직사광선(특히 석양빛)에 노출되지 않게 한다. 햇빛에 노출시킬 수 있는 종류도 실외로 옮길 때는, 조금씩 순화시켜야 한다. 손상된 잎은 되살릴 수 없다.

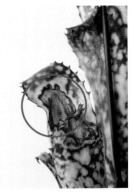

잎 가운데 부분이 회갈색으로 변한다
예)네오레겔리아
잎 가운데 부분에 강한 햇빛을 받아서 시들었다.

CASE ⑤
생리현상으로 시든다

성숙한 포기가 체력이 다하여 시드는 경우도 있다. 일종의 생리현상. 브로멜리아드 종류는 꽃을 피우면 새끼 포기가 자라고 어미 포기는 시든다. 새끼 포기를 따서 다시 키워야 한다.

어미 포기만 시든다
예)네오레겔리아. 포기나누기로 새끼 포기를 차례차례 따면, 어미 포기는 체력이 다하여 시든다.

CASE ⑥
새잎이 작아진다

해마다 상태가 나빠지는 증상으로, 서서히 생육이 저하되고 있다는 증거이다. 비료 부족이 의심되지만, 뿌리가 약해 영양분을 흡수할 수 없게 되었을 가능성도 있다. 뿌리 상태를 확인한 뒤 옮겨심거나 판부작을 교체하여, 뿌리를 내리면 비료를 주는 횟수를 늘린다. 예)자바박쥐란 등

저수엽

홀씨잎

건강한 포기
▶ 지금까지 해온 관리로 OK
홀씨잎이 잘 자라고 있고, 새로운 저수엽도 크게 펼쳐져 있다.

저수엽이 작아졌다.

생육이 약한 포기
(해마다 상태가 나빠지고 있다)
▶ 비료나 물을 주는 횟수를 늘린다.
홀씨잎이 늘어져 보이고 새로운 저수엽은 작은 상태 그대로이다. 뿌리가 튼튼할 경우, 비료를 주는 횟수를 늘리면 회복할 수 있다.

생육에 문제가 생긴 포기(뿌리썩음)
▶ 옮겨심거나 판부작을 교체한다.
홀씨잎이 작고 아래를 향해 있다. 저수엽에 해충이 갉아먹은 흔적과 병으로 인한 반점도 있다. 뿌리가 썩었을 가능성이 크다. 새로운 물이끼에 옮겨심거나 판부작을 교체한다.

후사리움균으로 인한 반점, 또는 쥐며느리가 갉아먹은 흔적.

Column

잎은 되도록 자르지 않는다

아래 사진의 왼쪽 포기처럼 이상이 발견되면, 잎 앞뒤와 잎자루까지 꼼꼼히 살펴본 뒤 회복을 위한 대책을 마련한다. 새로 구입할 때는 아래 사진의 오른쪽 포기처럼 튼튼한 포기를 구입하는 것이 중요하다.

❶ 해충을 발견하면 제거한다. 갉아먹은 흔적이 있으면 적합한 약제로 방제한다.
❷ 병의 흔적 등이 있으면 그 부분을 잘라내서 전염을 방지한다.
❸ ①이나 ②가 아니라면 화분에서 뽑아 뿌리를 확인한다. 뿌리가 손상되었거나 가득찼다면, 생육기에 뿌리를 정리하여 옮겨심는다.
❹ ①~③이 아니라면 생리장해일 가능성이 크다. 빛의 강도, 온도, 습도, 통풍 등 재배 환경을 다시 체크한다. 물이나 비료를 지나치게 많이 주거나 적게 주지 않았는지도 확인한다.
❺ ② 이외의 경우에는 잎이 손상되었더라도 잘라내지 않는다. 조금이라도 녹색 부분이 남아 있으면 계속 광합성을 하고 있다는 증거이다(양분을 생산, 축적하고 있다). 완전히 시들면 잘라낸다.

이상이 생긴 포기　　　　　　　정상적인 포기

잎 앞뒤를 관찰한다.

뿌리의 상태도 확인한다.

누런 잎도 잘라 내지 않는다.

예)필로덴드론 비핀나티피둠

CASE ⑦
해충에 의한 피해

해충 중에는 깍지벌레 등과 같이 눈으로 확인할 수 있는 것과, 잎응애나 총채벌레 같이 눈으로는 확인하기 어려울 만큼 작은 것이 있다. 잎이 갈라지거나 상처가 있는 등 해충의 흔적이 있으면, 스마트폰 카메라 등으로 촬영하여 확대해서 보는 것이 좋다. 또한 쥐며느리, 노린재, 파리, 개미 등이 발생하면 제거하거나 약제를 살포한다.

총채벌레

잎이나 꽃, 줄기 등에 달라붙어 즙을 빨아먹는다. 화상을 입은 것처럼 상처가 남는다. 꽃 중에는 특히 흰색에 잘 발생하고, 핑크색, 오렌지색 등의 꽃에도 발생한다. 알맞은 약제를 살포한다. 고온건조한 상태에서 잘 발생하기 때문에, 습도를 적절하게 유지하는 것이 좋다.

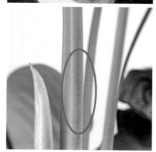

위에서부터 차례대로 해충이 갉아먹은 안스리움의 잎, 불염포, 꽃줄기.

잎응애

잎에서 즙을 빨아먹는다. 잎면이 갈라진 것처럼 누렇게 변하고, 포기의 생육이 저하된다. 잎을 1장씩 닦아서 제거하거나, 알맞은 약제를 살포한다. 건조하면 발생하기 쉬우므로, 잎에 자주 물을 뿌려서 잎을 항상 촉촉하게 유지한다.

위의 사진은 잎응애가 발생한 테이블 야자. 잎이 갈라진 것처럼 보인다. 아래 사진은 정상적인 잎이다.

잎응애의 피해를 입은 안스리움의 잎.

깍지벌레

잎에서 즙을 빨아먹어 흔적을 남긴다. 생육을 방해하므로 방치하면 잎이나 포기가 약해지고, 최악의 경우에는 말라 죽는 경우도 있다. 발견하면 이쑤시개, 핀셋, 칫솔 등으로 제거하거나 알맞은 약제를 살포한다.

박쥐란에 발생한 가루깍지벌레(사진의 원 안쪽). 하얀 솜 모양의 알주머니가 발견되면, 주위에 수많은 유충과 성충이 숨어 있는 경우가 많다.

산세베리아(드라세나) '본셀렌시스'의 뿌리에 발생한 깍지벌레(사진의 원 안쪽). 옮겨심을 때 발견하는 경우가 많다. 흙을 털어내고 물에 씻어서 깨끗하게 제거한다.

여러 가지 약제

약제는 '관엽식물'에 사용할 수 있는 제품을 고른다. 설명서에 있는 사용 방법대로 살포한다. 점착시트 등으로 방제하는 방법도 있다.

관엽식물용 약제

약제에 표기된 주의사항을 준수하여 사용한다. 스프레이 방식의 가정용 살충제, 살균제, 살충살균제나 깍지벌레 전용 살충제도 있다.

원예용 점착시트

총채벌레류, 진딧물, 파리류 등, 노란색을 좋아하는 해충을 잡을 수 있다.

살충제

날파리(오른쪽)나 개미(왼쪽) 등이 발생한 경우에 사용한다.

이 책에 나오는 원예 용어

ㄱ

겉씨식물
밑씨가 씨방 안에 있지 않고 드러나 있는 식물.

겨드랑눈
줄기나 가지 중간의 잎이 달린 부분(마디)에서 나오는 싹. 액아(腋芽)라고도 한다. 줄기나 가지의 끝부분에 있는 싹은 '끝눈'이라고 한다.

결각
식물의 잎 가장자리가 깊이 패어 들어감. 또는 그런 부분을 말한다.

겹잎(복엽)
잎몸이 2장 이상의 작은 잎으로 이루어진 잎. 가운데 잎줄기(엽축) 양쪽으로 작은 잎이 늘어선 '깃모양겹잎(우상복엽)', 작은 잎이 손바닥 모양으로 벌어지는 '손모양겹잎(장상복엽)' 등이 있다.

공기뿌리
p.151 참조.

교배종
교배를 통해 만든 새로운 품종. 곤충이나 바람에 의한 꽃가루받이로 만들어진 '자연 교배종(자연교잡종)'과, 인공적으로 교배시켜 만든 '인공 교배종'이 있다. 같은 종이라도 다른 계통을 교배시킨 경우에도 교배종이라 하기도 한다.

근연종
식물 분류상 유연관계가 가까운 종.

기는줄기
어미 포기에서 나와 지면 등을 기듯이 뻗는 줄기로, 마디에서 뿌리를 내려 새끼 포기를 만든다. '포복경'이라고도 한다.

깃모양겹잎
→ '겹잎' 참조.

꺾꽂이
식물을 번식시키는 방법 중 하나. 잘라낸 가지나 줄기, 잎, 뿌리 등을 흙에 꽂아 새롭게 뿌리나 싹을 내서 모종으로 심는다. 꺾꽂이에 사용하는 가지나 줄기를 '꺾꽂이모'라고 한다.

꽃눈분화
'화아분화'라고도 한다. 식물의 생장점이 나중에 꽃이 될 싹이 되는 것을 말한다.

꽃차례
꽃이 줄기나 가지에 붙어 있는(배열된) 상태. 화서라고도 한다. 식물의 종류에 따라 꽃차례가 다르다.

꽃턱잎(화포)
꽃봉오리나 꽃을 보호하기 위해 에워싼 기관. 잎이 변형된 것으로, 종류에 따라서는 꽃잎처럼 보이는 경우도 있다.

끝눈
→ '겨드랑눈' 참조.

ㄴ·ㄷ·ㄹ

내음성
식물이 어느 정도의 어두운 환경에서도 잘 견디는 성질.

내한성
식물이 어느 정도의 추위나 저온에도 잘 견디는 성질.

덩이줄기, 덩이뿌리
줄기 또는 뿌리가 비대해져 덩어리 모양이 된 것. 양분이나 수분을 저장한다. 관엽식물이나 다육식물의 경우 모양이 재미있어 보는 맛이 있다.

로제트
줄기의 마디 사이가 자라지 않고 잎이 겹쳐서, 장미꽃잎처럼 사방으로 퍼진 형태나 그렇게 퍼지는 방식을 말한다.

ㅁ·ㅂ

마디
잎이 달리는 줄기 부분. 이웃한 잎이 달린 부분과의 사이를 '마디 사이'라고 한다.

목본
→ '초본' 참조.

바탕나무(대목)
→ '접붙이기' 참조.

산반무늬
잎 등에 생기는 흰색이나 노란색 등의 미세한 점 모양 무늬.

복륜
잎이나 꽃잎 테두리에 나타나는 바탕색과는 다른 색의 무늬.

부식산
식물 등의 유기물이 미생물에 의해 분해된 뒤 남은 고분자 유기물. 식물의 생육 촉진이나 흙 만들기에 효과가 있다.

부착근
덩굴(줄기)에서 나오는 뿌리로, 나무줄기나 가지, 바위 등에 달라붙어 식물체를 지탱한다.

비늘 조각(인편)
이 책에서는 양치식물의 뿌리줄기나 잎 위에 돋는 털 모양의 돌기를 말한다. 인모(鱗毛)라고도 한다.

비배
식물에 비료를 주고 재배하는 것.

뿌리줄기
땅속에서 옆으로 자라는 줄기로 뿌리처럼 보인다. 비대해져서 영양분이나 수분 등을 저장하는 기관이 된 것을 말하는 경우도 있다(칸나, 다발리아 등).

ㅅ

생장점
줄기나 뿌리의 끝부분에 있는 활발하게 분열하는 세포 집단.

선발육종
→ '육종' 참조.

속간교배
일반적인 교배가 분류상 같은 종 또는 같은 속으로 분류되는 종끼리 이루어지는 데 반해, 다른 속으로 분류되는 종끼리 이루어지는 교배를 '속간교배'라고 한다. 씨앗이 잘 만들어지지 않고, 또한 자란 뒤에도 다음 세대를 남기기 어렵다.

손모양겹잎(장상복엽)
→ '겹잎' 참조.

슈트
포기 밑동에 힘차게 나오는 어린 가지.

실생
씨앗에서 식물이 자라는 것. 그 결과 얻은 모종을 '씨모(실생묘)'라고 한다.

씨앗식물(종자식물)
씨앗을 만드는 식물. 나중에 씨앗이 되는 밑씨(배주)라는 기관이 씨방(자방)으로 둘러싸여 있는 식물을 '속씨식물', 씨방으로 둘러싸여 있지 않은 식물을 '겉씨식물'이라고 한다. 씨방은 수정이 되면 발달하여 열매가 된다.

ㅇ

암수딴그루(자웅이주)
식물 중에는 1개의 꽃에 암술만 있는 암꽃과 수술만 있는 수꽃이 따로 있는 경우가 있다(암수딴꽃). 그중에서도 암꽃이 피는 포기(암포기)와 수꽃이 피는 포기(수포기)가 각각 다른 포기를 암수딴그루라고 한다. 또한, 암꽃과 수꽃이 같은 포기에 피는 것은 암수한그루(자웅이화동주)라고 한다.

여러해살이풀
열매를 맺은 뒤에도 시들지 않고, 몇 년에 걸쳐 자라며 계속해서 꽃이 피고 열매를 맺는 초본식물. 1년 뒤에 시드는 것은 '한해살이풀'이라고 한다.

왜성
식물의 키가 작은 성질. 같은 종류라도 키가 작은 것을 '왜성종'이라고 한다.

원종
품종 개량된 식물의 베이스가 된 어미 또는 선조로, 야생종이다. 야생종 전체를 의미하는 경우도 있다.

육종
생물이 가진 유전적 성질을 이용하여 새로운 품종을 만들어 내거나 기존 품종을 개량하는 것. 야생종이나 재래 품종에서 실용적으로 가치 있는 형질을 가려내고, 유전적으로 고정하여 경제적 가치가 있는 새 품종을 만들어내는 것을 선발육종이라고 한다.

잎몸(엽신)
잎의 주요 부분. 모양은 일반적으로 평평하지만, 바늘 모양이나 원통 모양도 있다. 광합성, 호흡, 증산 등의 기능을 한다. 잎맥이 있다.

잎뿌림(엽면살포)
액체비료나 약제를 분무기 등으로 잎에 뿌려주는 것. 영양분(미네랄 포함)은 잎에서도 흡수된다.

잎자루
잎의 일부로 잎몸과 가지(줄기) 사이에서 잎몸을 지탱하고, 수분이나 양분의 통로가 된다.

잎줄기(엽축)
'겹잎'에서 작은 잎이 달린 줄기.

잎집(엽초)
잎자루 아랫부분이 발달하여 줄기를 에워싸듯 칼집 모양이 된 부분.

ㅈ

자생지
식물이 자연 상태에서 자라고 있는 곳.

접붙이기(접목)
식물을 번식시키는 방법 중 하나. 번식시킬 식물을 다른 식물체에 접붙여서 독립된 개체를 만든다. 바탕이 되는 뿌리가 달린 식물을 '바탕나무(대목)', 거기에 접붙이는 식물을 '접모(접수)'라고 한다.

종
생물을 분류하는 가장 기본적인 단위. 같은 특징을 가진 개체의 집합체로, 서로 교배하여 자손을 남길 수 있는 것을 기준으로 하는 개념이 일반적이다.

지생종
땅속에 뿌리를 뻗어 땅속에 있는 양분이나 수분을 흡수하며 자라는 식물.

ㅊ

착생종
흙에 뿌리를 내리지 않고 나무줄기나 가지, 바위, 돌 등에 붙어서 자라는 식물.

초본
줄기가 목질화되지 않고, 어느 정도 자라면 더이상 비대해지지 않는 식물을 초본이라고 한다. 줄기가 목질화되어 계속해서 자라는 식물은 '목본'이다. 또한, 그러한 성질을 각각 '초본성', '목본성'이라고 한다.

ㅌ·ㅍ

턱잎
잎자루 아래쪽에 있는 작은 잎을 닮은 기관.

톱니(거치)
잎 가장자리에 가늘게 결각이 있는 것. 모양이나 결각의 깊이 등은 식물의 종류나 생육 단계에 따라 다르다.

품종
이 책에서는 주로 '원예품종'을 말한다. '재배품종'이라고도 하며, 사람이 직접 선발 또는 육종한 식물을 말한다.

ㅎ

한해살이풀
→'여러해살이풀' 참조.

휘묻이
식물을 번식시키는 방법 중 하나. 줄기나 가지의 표피를 벗기거나, 철사로 묶거나, 줄기나 가지를 땅에 묻는 등의 방법으로 뿌리가 나오게 하여, 그 부분을 어미 포기에서 잘라 모종으로 심는다.

• 「관엽식물과 함께 살기」, 「관엽식물 도감」, 「기본 재배방법」에 나오는 관엽식물과 p.18~23에서 사진과 함께 소개한 식물의 이름을 가나다순으로 정리하였다.
분류상 속명에 해당하는 경우 굵은 글씨로 표시하였고, 식물의 이름 뒤에 나오는 A, B, C는 p.24~25에서 설명한 관엽식물의 생육타입이다.

지은이 **스기야마 다쿠미** [杉山拓巳]

1978년 아이치현 출생. 열대식물 재배가. 아이치현에서 박쥐란, 안스리움, 브로멜리아드 등 수많은 열대식물과 관엽식물을 생산 및 육종하는 일을 하고 있다. NHK '취미의 원예' 외에 '열대식물 재배가의 별난 학원 You Tube 버전'이나 Instagram 라이브 등을 통해 열대식물, 관엽식물 애호가들에게 열띤 메시지를 발신하는 중이다.

옮긴이 **김현정**

동아대학교 원예학과를 졸업하고 일본 니가타 국립대학 원예학 석사·박사 취득. 건국대학교 원예학과 박사 후 연구원, 학부 및 대학원 강사를 거쳐 부산 경상대 플로리스트학과 겸임교수, 인천문예전문학교 식공간연출학부 플라워디자인과 교수 역임. 현재 (사)푸르네정원문화센터 센터장.

관엽
식물
퍼 펙 트 북

펴낸이 유재영 | **펴낸곳** 그린홈 | **지은이** 스기야마 다쿠미 | **옮긴이** 김현정

편 집 박선희 | **디자인** 임수미

1 판 1 쇄 2025 년 1 월 10 일

출판등록 1987 년 11 월 27 일 제 10-149

주소 04083 서울 마포구 토정로 53 (합정동)

전화 324-6130, 6131 **팩스** 324-6135

E 메일 dhsbook@hanmail.net

홈페이지 www.donghaksa.co.kr · www.green-home.co.kr

페이스북 www.facebook.com / greenhomecook

인스타그램 www.instagram.com/__greencook/

ISBN 978-89-7190-898-3 13520

• 잘못된 책은 구매처에서 교환하시고, 출판사 교환이 필요할 경우에는 사유를 적어 도서와 함께 위의 주소로 보내주세요.

일본어판 스태프
아트 디렉션_ 岡本一宣 ／ 디자인_ 小埜田尚子, 小泉桜, 久保田真衣, 加藤万結 (o.i.g.d.c.) ／ 촬영_ 田中雅也 ／ 사진제공_ 오픈 테라스, 杉山拓巳 ／ 일러스트 楢崎義信 ／ 취재·촬영협력_ 浅岡園芸, 石川園芸, 伊藤蟻植物農園, 伊藤輝則, 井上悠里, kato Plants., 木村園芸, 杉浦香樹園, 杉山拓巳, 法花園 ／ 기획·편집_ 加藤雅也 (NHK出版)